为什么老婆总是说不停，老公总是说不听？

心理咨询师
马度芸 著

中国民族文化出版社
北京

版权所有 侵权必究

图书在版编目（CIP）数据

为什么老婆总是说不停，老公总是说不听？/ 马度芸著
.一 北京：中国民族文化出版社有限公司，2020.4
ISBN 978-7-5122-1328-9

Ⅰ.①为… Ⅱ.①马… Ⅲ.①性别差异心理学－通俗读物 Ⅳ.① B844-49

中国版本图书馆 CIP 数据核字 (2020) 第 032837 号

《为什么老婆总是说不停，老公总是说不听？》中文简体版通过成都天鸢文化传播有限公司代理，经英属维京群岛商高宝国际有限公司台湾分公司授予中国民族文化出版社独家发行，非经书面同意，不得以任何形式，任意重制转载。本著作限于中国大陆地区发行。

著作权合同登记号：图字 01-2019-6716

为什么老婆总是说不停，老公总是说不听？

作　　者：马度芸
策划编辑：陈　馨
责任编辑：张　宇
装帧设计：天顶矩图书工作室
出　　版：中国民族文化出版社
地　　址：北京市东城区和平里北街 14 号（100013）
发　　行：010-64211754　84250639
印　　刷：三河市良远印务有限公司
开　　本：880mm×1230mm　1/32 开
印　　张：8
字　　数：200 千字
版　　次：2020 年 4 月第 1 版第 1 次印刷
书　　号：ISBN 978-7-5122-1328-9
定　　价：49.80 元

目录

Ⅶ　序

PART 1　婚后才说"早知道"

- 003　婚姻是"虚幻爱情"的坟墓
- 009　我要向消费者协会投诉你广告不实
- 014　"林来疯"的启示
- 018　幸福，不会被困在"早知道"
- 024　咨询师对你说　婚前择偶：同理心温度计
- 026　婚后的相爱，别败给相处

PART 2　　婚姻里，多是**看似一件小事**

035　　全人类最棘手的问题

　　　　——让另一半"愿意"做家务

043　　咨询师对你说　5个口诀，让老公愿意做家务

044　　已经 8 点 5 分了

049　　热压吐司的委屈

054　　我能帮你买棉被吗

059　　万恶脸书的感情试炼

063　　男人的玻璃心

067　　主妇的标准

071　　可恶的正向思考

075　　要不，看电影分开坐

079　　为什么不管我

087　　"老婆啰唆"这件事

093　　亲爱的，独处一下好吗

096　　分工不合作

099	"被在乎"的大数据
104	老公怕老婆，老婆受折磨
109	可以谈性吗
112	什么，你们分房睡
119	咨询师对你说　如何判断分房睡已经影响了夫妻感情

PART 3　婚姻，有时**会生病**

123	只是好心吗
127	到底要安慰多久才够
133	孕不孕，有关系
136	"大树"与"小鸟"的结婚周年
140	可以同甘，却不能共苦
144	我们之间出现了第三者
151	舍不得，就得了
155	饶恕，是双方的责任

PART 4	爱的**反复练习**
161	"爱"与"爱的能力"是两回事
166	跟老婆搭讪的话题
170	光靠哄是没有用的
174	难道努力错了吗
179	你真的有理由生气（伤心）
184	"想开"还是"想办法"
187	爱是恒久忍耐吗
191	好好吵一架
199	咨询师对你说　为何夫妻吵架总是口出恶言
200	我们和好可以吗
203	情绪是真的，道理是假的
208	婚姻是一门专业
212	男人的自尊 = 成功的婚姻
217	"我变胖了"
221	甜言蜜语的公式

225　咨询师对你说　没事没事与不怕不怕

227　别做婆媳的和事佬

232　咨询师对你说　给老公的婆媳相处3守则

234　爱是适时展现脆弱

237　感　谢

序

当本书的书名《已婚是种病？》（繁体版书名）确定下来之后，我经常会被人追问："你在胡扯什么？鼓励单身吗？"我当然不是这个意思，而是在多年从事咨询工作的经验中，发现大多数人把已婚情境中的冲突与痛苦当成一种病，甚至是一种不治之症，染上了就只能选择快速摆脱或过于消极地与之共处。怎么没有想到积极地寻求解决与医治呢？

我们生病了会去看医生，不会轻易任由健康恶化；但婚姻生病了，你会想办法挽救，还是轻言放弃？在一些特殊情况下，离婚或许是选项之一；但若婚姻值得挽救，只是一直以来没找到对的方法呢？

从来没有一个时代像现在这样，婚姻的维系往往系于一线之间。在自我与关系之间矛盾、摆荡、忍耐和挣扎的伴侣越来越多，有些时候真的觉得单身比较轻松自在，每一次痛楚都会提醒自己不如放弃。"我受不了了，我要跟你离婚！""离就离，我无所谓！"诸如此类的对话经常出现在夫妻之间。

若乐趣渐少而牺牲却多，你还会继续投资婚姻吗？

几年来，我发现寻求婚姻咨询协助的夫妻越来越多，特别是男性求助的比例逐渐提高。情况往往是一方已经铁了心提出离婚了，另一方才意识到问题的严重性。长期沟通不良，僵化的个人信念彼此冲突，又或是曾经的婚姻创伤无法得到有效修复，将当初美好的恋情与婚姻关系摧残到一塌糊涂的地步。

"咨询师，你觉得我们的婚姻还有没有救？"这是我最常听到的一句话。我通常会回答："只要双方想挽救，就有救！"即使只有一方想挽救，而另一方不抱希望，通过婚姻咨询也能协助双方厘清误会、了解彼此，进而在充分沟通下，一起讨论未来的抉择。

这是一个寂寞却又最需要关系连接的时代。各种各样的社群媒体与交友网络，可以填满一个人的精神生活；而现实工作中的忙碌，又消耗掉许多的时间与心力，于是婚姻到底还剩下什么？那维系婚姻的一线是承诺，是子女，是面子，是懒惰，还是信仰？有没有一些方法可以让人觉察自己的婚姻其实已经命悬一线？能不能把这线加粗加牢，不受现实挑战的摧残？

　　我将自己陪伴几百对夫妻一起走过痛苦与挑战的实际经验汇集成本书，期待你能在其中找到共鸣、获得启发，进而找到属于自己婚姻的解药！[1]

马度芸

---

[1] 本书内容纯属创作，即便部分内容取材于咨询过程中的感悟，为保护咨询来访者的隐私权，也都变更了情节、性别、职业和年龄等内容，如有雷同，纯属巧合。

PART 1

婚后才说"早知道"

人们都说婚姻是爱情的坟墓，
爱情幻灭之后，
才是真正彼此了解的开始。
其实，婚姻是"虚幻爱情"的坟墓，
却是真实感情的开始。

"要想在婚姻中持续美好的爱情，应该从真实开始。"

婚姻是"**虚幻爱情**"的坟墓

这天下午，4个女人在咖啡店里你一言我一语聊得热闹。这是毕业后保持了十几年的下午茶聚会，而4位老同学正好分别处于单身、刚结婚、结婚3年及结婚7年的状态。

新婚的那位虽然脸上仍掩饰不住光彩的笑容，却浅嗔薄怒地开启了抱怨老公的话题。她说才刚结婚，却已经"不能期待默契"了，恋爱时的心有灵犀，怎么婚后都不见了？听完她的一番话，一时间竟没人响应。大家都觉得这带着甜味的抱怨太过奢侈，不知道该叫她想开点，还是说婚姻本来就是这么回事，谁叫她这么天真？因为怕伤了同学间的情谊，大家硬生生把话吞了回去。

安静了几秒，已婚 3 年的那位才哀怨地说，若只是没有默契还算好，现在都"不能期待对方了解自己"了。果真结婚 3 年的人和新婚女子表露的心情就是不一样，好像天真粉嫩少了许多，隐隐地流露出少妇的哀愁，似乎有些失落，也担忧未来的标准要不断降低。"别说是没说出口的默契，就连婚前他明明知道的事，比如我不吃香菜，他都会忘记，果真是娶回来就不珍惜了。"说着说着，她的声音越来越小。

结婚 7 年的那位则以过来人的姿态说，另一半不但缺乏默契与心思，甚至"不能期待他会记得刚刚讲过的事"。比如，她请老公下班去超市买一把空心菜、两只鸡腿，再加一瓶酱油，他不是把鸡腿买成鸡胸，就是把空心菜买成小白菜；明明安排好今年过年全家去日本玩，到了 12 月机票和饭店都订好了，他却说不记得有这回事……不过结婚 7 年的她看起来最气定神闲，为了参加同学会而精心打扮的妆容与搭配的套装，让人感觉不出她的婚龄，似乎老公的"忘性"已经激不起她内心的波澜。她以老大姐的姿态劝告后辈们："还是顾好自己最重要，婚姻中不能太依赖另一半。"

接着，3个人你一言我一语地争相举例说明另一半的"忘性"。话题说到这里渐渐热络，仿佛竞赛一般，将日常生活中自己最不满意的部分讲出来，即可获得最大的回响。但一群人讲到此处，惹急了单身的那位，她问大家，难道婚姻真的是爱情的坟墓吗？

婚姻真的是爱情的坟墓吗？身为心理咨询师的我，偶尔也会被问到这个问题。每次被问到时，我总是小心翼翼地不随便给出答案，因为必须了解他们双方各自的期待与落差，才能有针对性地回答。

还记得有一阵子娱乐节目流行请夫妻二人上节目，对他们进行默契大考验。通常请两人分别作答，可能会被问及："老公最喜欢吃的一道菜是什么？""老婆最喜欢的颜色是什么？"难一点的问题则会问："某种状态下，老公可能会做出怎样的反应？""老婆生气时，怎样可以安慰并哄好她？"

这样的默契考验是建立在"你的伴侣是最了解你的人"这一假设成立的基础上，而这种假设却在这个时代逐渐崩解。"人在心不在"很难再作为指控对方的理由，因为即使两人一起外出用餐或待在客厅里，都是一人一机，眼睛盯着屏幕——或大或小罢了。心，早就不在对方身上了。此时，最了解你的恐怕是谷歌（Google）、脸书(Facebook)[①]、购物平台或支付宝——它们可是对你每个眼神的闪烁或细微欲望的波动都了如指掌，更别说兴趣、喜好和基本反应的推测与评估了。

这是一个"被觉察"取代了"自我觉察"的年代。每个人忙着被告知新信息及朋友的新动向，每个人忙着以照片来展现、记录自己的当下。滑来滑去（指上网）的时间已经占据了所有心灵放空的空间，所以很少发呆、很少思考、很少觉察。因为在停下来的一瞬间，已经错过太多信息，只能不断地忙着、看着、追着，好像在滚轮上跑个不停的仓鼠，没有空思考为何而跑。我想，这才是爱情的坟墓。

为何网络会比活生生坐在身旁的伴侣还吸引人？因为网络更了解你，它通过所有你的行为分析，检验眼球暂留的秒数，

---

① Facebook，中文称脸书或脸谱网，是美国的一个社交网络服务网站。

解剖你的心思，提供你最想要的……广告。尽管不见得是你最需要的，但被这样一种虚幻的默契与深刻理解的感觉包围，还是很迷人。当一切心理学统计与人性脆弱的大数据知识，用来设计使人更上瘾的游戏或促销活动时，谁抵挡得了呢？

回到"婚姻真的是爱情的坟墓"这个话题，你觉得呢？我一直认为这是一个被简化了的题目，**婚姻是"虚幻爱情"的坟墓，却是真实爱情的开始。**如果心目中的爱情如韩剧男主角般有默契、够了解、极体贴，永远有时间为了你的笑容而放下工作与现实，那么注定只有在热恋期才能找到类似的感觉。婚后对方不是变了，而是恋爱时的表现原本就是一时情迷，是肾上腺素和睾酮爆发的结果。

听起来好像有点悲观对吗？其实是爱情小说、戏剧或游戏将现实美化得过于梦幻。真实的情况是，另一半不会永远一成不变，婚姻就是两人都在动态调整中互相协调、取得平衡，并且彼此还在意、关心对方。

请记住，**一个长久符合你期待的伴侣并不存在。要想在婚姻中持续美好的爱情，应该从真实开始**，而不是将眼光放在不经营就会自然存在的体贴和默契上;应该从"自我觉察"开始,了解彼此对婚姻与爱情的期待及落差,而不是只追求"被觉察"。

我要向消费者协会投诉你**广告不实**

"我要向消费者协会投诉你广告不实!当初谈恋爱时,以及你在开导另一对夫妻朋友时,你都是那么有同理心①,那么了解女人的心思,看得到对方的优点与付出。怎么结婚后好像变了一个人?完全像是在美丽的包装与标示下,内容物却偷工减料且已经腐烂。"老婆情绪激昂地一口气说完后,顿时像泄了气一般垂坐在沙发上。

---

① 同理心(empathy),心理学名词。在专业领域是指能够感受被分析者感受的能力;生活中则泛指可以设身处地地把握与理解他人的情绪和情感。主要体现在情绪自控、换位思考、倾听能力及表达尊重等与情商相关的方面。

这是我听过的最有创意的责备说辞,其实也是这对夫妻间最深刻、隐晦且说不出的怨。因为除了配偶之外,身边的朋友没有人相信这位老公在家其实是这样的人。

原来,被老婆恨得牙痒痒、被批评得体无完肤的老公,平时在外总会上紧发条,仿佛永远站在舞台上完美演出,无论对长辈、晚辈还是朋友都体贴入微,处处为他人着想。可是结婚后,他与老婆相处时却毫无修饰地展现出最自我的一面,完全忽略老婆的感受,即使对话也无法融入对方的情境。

例如,昨天他们之间的对话是如下这样的。

"过年连续几天假期都陪你应酬长辈、领导和朋友,一直没休息,好累啊。我们两人都没有时间好好相处一下。"老婆无奈地抱怨着,还隐含着一些撒娇的意味。

"喔,今天下午我想带两个孩子去放鞭炮,顺便增进父子感情。孩子大了,难得有机会和他们聊天。这几天你太累了,就不要去了。"老公自以为体贴地回答。

你可以想象老婆的心情吗?累积的抱怨不但没被听懂,老公反而正计划着下一个不包含她在内的行程。她在他的世界中得不到关注，老公已经将难得的休假时间全花在其他亲人身上，现在轮到儿子了，还是没有排到她，甚至连她的抱怨都没有真正理解。于是这成了一场吵架的序幕。

老公也很委屈，老婆喊累就让她在家休息啊，为什么好心还会被雷劈？而且老婆说话喜欢用否定句和疑问句，让人很不容易消化理解。比如，"两人都没有时间好好相处一下"就很难理解。搞不清楚她要表达的重点是"累"还是"两人"，是"时间"还是"相处"，整句话听起来像一团糨糊。老公觉得在家里说话还要拐弯抹角，思前想后地琢磨对方说话背后的含意，真的很累。为什么她想和我出去玩，不直接说"我们今天下午两人出去走一走"呢？

于是，老婆见到老公对别人与对自己的落差，确实苦闷失望，不能接受，觉得自己总被忽略。而老公觉得平时做人已经很累，与老婆相处时总可以放松一点吧，何必终日上紧发条？夫妻相处时间长了，偶尔沉溺在自己的世界里，没有考虑到对方的感受，也可以互相体谅吧！

这种场景发生在他们的婚姻生活中，已经成了固定背景，两人都觉得在消耗感情。老婆对婚姻的付出是值得肯定的，期待也是可以理解的，但是婚姻中的两人总是会展现出最自然也最自我的一面，换成任何一对伴侣都是一样，标准本来就应该降低，不可能期待对方像对待外人一样细致周到，以客为尊。

至于老公，平时上紧发条，在家却完全处于计算机宕机状态，这样似乎也不妥。**只要是有人的地方，就需要考虑人际关系，婚姻亦然**，不能无视眼前人的存在，而只专注于自己的事情。虽然不用上紧发条，但也不能只考虑自己！

其实，这对夫妻感受到了消耗感，代表婚姻还有救，代表两人在不舒服的情况下仍然愿意试试看，这种情况是可以通过说出内心话的沟通达成共识的。

建议夫妻相处的时间减少一点，也就是说，如果老公需要多一些完全放松的时间，那就重质不重量，在固定的特别时刻里，学着对老婆更加体贴；而老婆也需要多保留一些留给自己的时间，并且降低标准，不能期待老公在家时时刻都能注意与她的相处方式。

至于广告不实，就算了吧！找谁投诉呢？这种无法证明的东西,在今天这个讲究包装营销的时代,内容物不会完全与包装相符。菜单上一道道让人垂涎的菜肴,端上桌一定会小一号,这是不争的事实。已经步入婚姻的人,得从桌上那盘菜开始努力,而并非依依不舍地怀念菜单上那并不存在的事实。

"林来疯"的启示

文琪和记诠这对两年来吵得不可开交的新婚夫妻，好不容易能一起坐在我面前，摆明是看朋友面子才给我一次机会，说好只聊一次。看得出，两位事业有成的忙碌主管都对今天的谈话不抱太大希望，多亏当天早上林书豪的赛事转播让大家有了话题。实际上，夫妻俩目前的共同话题也只剩林书豪了。

记诠觉得他做了许多好事，不明白文琪怎么总要挑他的毛病，感觉自己一直都没得到她的肯定。"难道我送首饰、请吃大餐、陪你妈打牌、帮忙洗碗都是假的吗？"他气愤地大喊。

文琪觉得她在意的就那么几件事，不明白他为何总是从不在乎，认为他根本就不爱她。"难道秘书、老板、同事、朋友……每一个都比我重要吗？不管下班时间我们在做什么，一接到电话他就要我等，而且还不是一两分钟能打发的事情，是中断我们的聊天，去和别人聊了起来。不管我当时正伤心、正开心，还是正讲到一半，都会打断我。在你心中，我根本不重要！"文琪喊着喊着，哭了出来。

记诠觉得自己已经是模范老公了，拒绝任何批评指教，一心认为自己被冤枉、被误会、被挑剔；而且老婆为了接电话这点小事就抓狂，简直不可理喻。文琪觉得两人的相处时间已经不多，自己还总比不上任何一位通过电话找老公的人。老公偶尔做的"好事"累积，往往抵不上一次又一次地"先回应别人"。一再被排序在后面的感觉，已经让她的情绪达到引爆点。

两人谁有道理，当然不是我需要评论的。每个人的想法与感受背后，都有一连串生活经历与价值观的累积，无须质疑。那该怎么办呢？林书豪当时所属的尼克斯队给了我一个灵感。整个赛季一直表现不佳的尼克斯队依靠"林来疯"（林书豪）而声名大噪，突然之间把球迷都吸引回来了，但是7连胜之后又是一连串的输球。大家看得出这段时间他们进攻不弱，可是防守松散，总是门户大开，让对方痛快飙分。不管主场球迷如何大声呐喊"Defense（防守）"，场上却总是看不到积极防守。

其实，积极进攻与消极防守是许多人的惯性。进攻是发挥肾上腺素的瞬间，不仅会得分，还会被肯定、被注目，让人有成就感，在想象中光芒万丈，众人鼓掌叫好。但防守没什么意思，它是一种长时间紧绷的消耗，最多只能造成对方的失误或失准，预防对方得分。防守更近似于周而复始的工作，是尽职的配角而非舞台中央的主角。所以当球员心理素质不够时，就会忽略防守，一般人也是如此。

"是啊，尼克斯队好可惜，防守太弱。"记诠叹息着。

我顺着他的话，以篮球来比喻他们夫妻的关系。他对老婆大方，帮忙做家务，又孝顺丈母娘真是不容易，就好比一支很会得分的篮球队伍，得分高不容抹杀。但是夫妻之间只做好事是不够的，对于对方在意的失分事件也需要注意，要不然就好比防守门户大开，让自己的球队处于危险境地。你辛苦花时间和金钱累积的一两分，只因为防守松散，很可能让对方轻易进两个 3 分球，比分一下子拉开，真的很可惜。

当然，文琪也需要用心计算老公收获的每一分，甚至罚球所慢慢累积的分数；计分板上不能只显示失分，忘了得分。不能因为主观上觉得老公这场球打得很烂，而忽略了另一半在球场上的努力付出。而且，关于替另一半打分数这件事，加分一定要站在对方的立场，他做的好事要站在他的立场，想想这有多难得。就好比，接受礼物时一定要看到对方送礼的心意，不要因为自己的好恶而嫌弃礼物。

对于另一半觉得受伤的事情，也得按对方的标准尽量避免。这就像吃辣一样，每个人接受的辣度不同，无所谓合理不合理，投其所好才是合理。

这样懂了吗？婚姻如球赛，进攻与防守（得分与失分）都得看重。如若能攻守并重，才会是一场精彩的好球。

幸福，不会被困在"早知道"

错过的总是最美。小敏在与老公吵架后的晚上，想起了两任前男友。拜脸书所赐，竟然在深夜里让她找到了那两个名字，并且得以一窥他们的近况。她在搜寻的过程中还暗暗幻想，做了他们仍在等她的美梦。

其中一个前男友是小敏提出分手的。虽然他们彼此相爱，但年轻的他们，只是为了"女生剪短发"或"男生不买冰激凌"这样的原因都会大吵一架。最后，爱情实在敌不过远距离和无法承诺，特别是他诚实地说，其实他也没办法保证一辈子只爱一个女人。

后来他娶了一个相亲认识的女人,过着平稳的生活。他很低调,脸书并未公开,所以信息不多,只知道他们为了怀孕生子,吃了不少苦头。

"能够冒风险选择他的女人,一定比我更爱他吧!"小敏心想。他们过了这么多年依然在一起,想必是打破了无法承诺的魔咒;而为了孕育下一代所吃的苦,恐怕不仅巩固了爱情,还增加了恩情。

另一个前男友则是男方主动提出分手的,是在他劈腿(脚踏两只船)被发现后,才对小敏坦白。他现在的老婆,就是他与小敏交往时的劈腿对象。当年,这位前男友刚离婚,有两个年幼的女儿,约会常常迟到。大女儿拉肚子、小女儿闹脾气,以及要和女儿的外公外婆吃过饭才能匆匆赶到……无论是哪一种理由,都让小敏气到肚子不饿了。当时的她没有足够的母爱来包容这一切,她由着性子发脾气,而他则默默地发展了另一段感情。

后来想想,她输得心服口服。人家能够补位母亲的角色,并且坚持在两个小女孩成年前都不生养自己亲生的孩子,全心付出爱，不争不求、无限体贴，这是小敏做不到的。看着他们一家幸福的出游照片，小敏怅然之余，也突然有了新的感悟。

那就是，幸福是一种决定。

这世间除了恐怖情人和极端人渣之外，夫妻恐怕都是老天爷一对一配好的。你能承受多少，老天就量身定做配给你多少。所有看起来美好的幸福，都是努力坚持赢得的，需要付出代价。你付不出这样的代价就不必羡慕，既然决定了，就要好好珍惜眼前的幸福。

小敏想通了，气也消了。这 10 分钟的脸书之旅，没让她有一丝继续幻想的机会，反倒是回归现实。想想老公其实对自己也不错，他们两人相爱无疑，至于生活中的小缺点和小固执，就算了吧！毕竟这是自己的选择。

10 分钟后，小敏合上笔记本电脑，悄悄地钻进被窝，躺在老公旁边，伸手轻轻地碰了碰他。同样无法入眠的老公也伸过手来握了她一下，小敏顿时觉得，自己还是很幸福的。

其实，做选择本来就不容易，是一生都要面对的功课。

还记得有一次，我到一家知名却遥远的餐厅附近开会，喜爱美食的我当然得把握机会尝鲜。我原本想吃麻油鸡,只是老板推荐的佛跳墙看起来也不错,让我在鱼与熊掌之间好生为难。最后的选择是考虑到,我整个星期都想吃麻油鸡,那就不要辜负自己的期待了。

麻油鸡上桌,果然香喷喷,味道十足。只是左看右看,怎么每桌都点佛跳墙呢?耳边听到老板与其他顾客聊天,说他们家的佛跳墙是大厨不藏私且不计成本的杰作,很多客人远道而来就为这一口,而且在别处根本吃不到单人份的佛跳墙。我越听越心痒,后悔极了,但再叫一份是绝对吃不下的,下次来开会又不知何年何月。想着想着,麻油鸡的鲜甜在我嘴里渐渐化为苦涩。

其实如果那家店只卖麻油鸡,我也许会满足地吃完,但谁叫我有了看似更好的选择,却没有选呢?第一时间没有选与自己的期待不同,但可能更好的选择,原因是什么?保守、怕风险、不习惯改变,还是一种一切在控制之中的安全感?"择其所爱,爱其所选"谈何容易,大多数时候我们总会懊恼,导致没办法享受自己的选择,尽管自己拥有的也不赖。

下面这些感叹嫁错郎的对话,你一定不陌生。

"隔壁老王多顾家啊!他每天上午买菜,下午做菜,王太太只要等着吃就好了。"

可是,你忘了老王3年前就失业了。

"我同学的老公乔治多好啊!事业有成,住大别墅,同学每次和我们见面都一身华服。"

但是,你不知道乔治的外遇丑闻让他老婆无比心碎吗?

"好吧,那丽华的老公你总没话说了吧?忠心顾家,有才华又不花心。"

这倒是,但是他其貌不扬,当初你会选这样的人吗?

在做重大选择时,我们可能因为各种原因舍弃了心目中最理想的选项,而选择了身边唾手可得的;或者根本是带着遗憾走完一生,让心之所想,成为老爷爷或老奶奶此生未竟之梦想。因为明明有机会却没去试,看着身边的老伴就越看越没趣,相看两相厌,甚至在潜意识里责怪他(她):都是因为你,要不然现在我早就和梦中情人在一起了。老伴真无辜,就像那滋味很好的麻油鸡一样无辜——这明明是你当时自己的选择啊!

所有的"早知道"都可以归类为这种选择上的障碍。早知道我就不会任用这名员工，早知道我就不选这家公司，早知道我就不会嫁给他，早知道我就点另一道菜了……有这么多早知道，当初为何没做另一种选择？

因为当时信息不足以判断，于是做了自己以为最好的决定。

因为当时虽然觉得另一个选择更得我心，却自信不足或害怕失败，没有勇气换。

因为自己被动地被选择，没有多想，一时冲动就定下终身。

因为顺应了他人的意见。

……

但不管如何，所有决定都是你自己的选择，快乐也是。幸福的婚姻，是不会被困在"早知道"里面的。

> 咨询师对你说

婚前择偶：**同理心温度计**

婚后，常听到很多人说：

"早知道就选择和初恋男友在一起了，他那么疼我，现在可能过得比较快乐。"

"早知道找一个比较会持家的姑娘，现在就不用抱怨为什么老婆煮的菜那么难吃了。"

……

其实，婚姻里没有所谓的"早知道"，当你做了决定，就必须付出相应的代价。不过如果我有女儿，一定尽早教她选择伴侣时，什么条件都是其次，最重要的是看对方有没有同理心。

究竟对方是否值得你携手走向未来，下面的同理心温度计，或许能给你一些评估的标准。

【同理心温度计】

10分	7～9分	5～6分	2～4分	1分
极品，非常有同理心，为人体贴，但多半是花花公子	原本不懂，但个性单纯、性格好，可以塑造，愿意互相磨合	有时愿意改，有时不愿意改，同理心与自私并重，在二者之间摇摆	处于忍耐的边缘，也可能是因为现实条件而妥协的婚姻或关系	一点同理心都没有，自私又自我，即使伤害了你，他也没感觉

让我说明一下这个"同理心温度计"怎样解读:

- **只有偶像剧的主角才会得 10 分:**

    不要说不存在,就算是被你遇到,还要不花心或不被骗的概率很小。

- **鼓励大家选择 7 ~ 9 分的伴侣:**

    同理心是最不好学的。沟通与家务技巧,甚至是工作业绩都可能改善,但一个人若没有同理心,他就感受不到你的痛苦,也不会觉得有改变的必要。作为他的伴侣,未来要吃的苦头还有很多。

- **5 ~ 6 分的伴侣要看人选:**

    这就要看你的能力了,而且最好是他有其他非常吸引你的地方,你的情绪也要达到一定程度的坚强,并且在心理上并不依赖对方。

- **如果你的对象是 2 ~ 4 分:**

    不要过度自信,并且一定要小心你的人身安全,除非你非常清楚自己为了其他好处或目的才留下(多数情况是妈妈为了孩子才勉强留下)。建议你多方评估,不要坚持,而且要懂得保护自己。

- **千万别选择 1 分的伴侣:**

    快离开,别犹豫!他的条件再好,也不值得你留下来。对两人来说,都只有坏处没有好处。别想用爱来感化他,那是牧师的工作,不是伴侣的工作。

婚后的**相爱**，别败给**相处**

　　他，喜欢享受展现聪明才华之后，别人投以崇拜的眼光。

　　她，喜欢沉浸在被了解、被接纳和被聆听的亲密关系中。

　　一开始，他聆听她，她崇拜他，一切都美好得不得了，彼此都认为找到了真爱。

　　但是，婚后日子久了，当她叙述自己参加同学会的喜悲心情时，他却急于表现他对其中一位同学职业的了解；当她敞开心扉分享为人母的脆弱感受，需要被了解、被接纳、被聆听时，他却急着抓到一个关键词，便努力搜寻自己脑中的知识，以便展现自己对于带小孩的支持……

就这样,他以为可以像过去一样得到她的崇拜,没想到她却不高兴了,他也感受到了挫败。

他们彼此相爱,但是却不知道该怎样相处了。

很多人都说相爱容易相处难,这句话的确很适合用来形容新婚夫妻,尤其是新婚两年内的夫妻。

因为两个来自不同家庭的人,结婚后共同生活在一起,原本就需要时间来调适夫与妻的角色。如果没多久再加入一个孩子,除了要调适夫与妻的角色之外,还有父与母的角色,因此压缩了夫妻角色的适应过程。

夫妻与情侣毕竟是不同的,不再只是约会或一起从事某项活动时才相处。婚后住在一起,共享一切权利和义务,日常生活中就会出现许多需要调适的事情。例如,一个睡觉的时间是晚上十点,另一个是凌晨两点;一个喜欢吃清淡的食物,另一个喜欢重口味(约会时可能迁就对方或在餐厅里各点各的餐点)。此外,经济预算方面也容易出现矛盾:一个认为要生活节俭,存钱买房;另一个觉得只要租房即可,还是吃大餐和买精品比较重要……此时特别容易因为一点小事,演变成不舒服或不开心，觉得生活受到限制、束手束脚的，甚至觉得对方不够体贴且难以相处。

为了婚后的相爱，先认清以下这几点。

婚姻不是教育事业

"我知道你未来的梦想是去欧洲留学，但结婚之后，你是我老婆了，难道就不能为了我和我们的家庭打消这个念头吗？"

"你喜欢玩游戏没关系，为什么婚后还是玩得这么凶？结婚后的我们和生活里的互动，不比玩游戏更有趣吗？"

很多人认为结婚以后对方会为了自己而改变，而且这个期待很大，上述对话就是这样的情况。但以改变对方为前提的婚姻是冲突的来源，如果持有"结婚后他就会改变"这样的信念与对方结婚，婚姻的基础是不稳固的。

因为**婚姻并不是教育事业，不要以为自己可以教化、教育对方，将对方变成自己期待的人。**

在关系与家庭里，没有公平地付出

"我已经辛苦煮晚餐了，叫你洗个碗却拖拖拉拉的！"

"我已经为了陪你减少与哥们儿的聚会时间了，你为什么还不满意？"

这类例子，通常是觉得自己对婚姻付出的比较多，因此对对方心生不满，最后演变成限制对方行为或不断抱怨。但感情的付出不是用来计量与衡量的，与其计较或要求回报，不如在互相包容中发现彼此获得了什么。

婚姻不能比较

"我同事的老公经常会到办公室来接她下班，你为什么就做不到？"

"朋友的老婆根本不会设晚上门禁时间，你却在我应酬时不断打电话催我回家，真的很烦。"

"比较"是非常容易让夫妻心生不满的另一个源头，尤其是人、事、时、地各种条件都不相同，与其望向别人，不如先看向你们。

多一点"我可以"，少一点"你应该"

"唉，都住在一起好几个月了，你不是应该记得每晚都要倒垃圾吗？总是忘记！"

"你干吗不煮饭啊？外卖的菜色都一样，让人完全没胃口！"

面对对方的难题或弱点时，夫妻间可以多想想自己能帮上什么忙，而非一味要求对方改善。坊间有些书建议：在婚姻一开始，就要严格订立规则并遵守，否则生活久了，就很难再要求对方了。这种观念对错参半。对的方面是确实应该尽早让对方知道自己在意什么、期待什么，但应提前至交往期间便尽量开诚布公。绝对不应该婚前只顾浪漫约会，遮掩了许多现实层面的冲突与不和，想留到结婚后木已成舟再来面对，这肯定是不对的。

结婚后，表示两人的价值观相差不远，生活习惯也能配合，虽然会有更多生活上的磨合,但此时需要以合作的眼光来看待自己的伴侣,补足对方的弱点,绝对比要求对方应该改善诸多事项,要有爱得多。

新婚夫妻是否都存在所谓的婚姻磨合期?答案是肯定的,而且磨合的长短因人而异。但我们应该明白的是,**健康的婚姻关系一生都在磨合**,而且关系的磨合与美满的性生活一样,都需要理解对方的需求、照顾自己的需求,以及带有善意的沟通。即便自己有很多很棒的原则和理想,也要秉持着变动和弹性的可能。

建议所有的夫妻:首先,最好每天都有好好说话和沟通的时间,即便只有 10 分钟也好,这样可以让彼此的情绪与感觉有交流。切记不可以边玩手机或边看电视边沟通,这样就失去了好好对话的意义。

其次,每天都要有爱的拥抱。拥抱是人类自出生以来的原始需求,长大后这种需求也不会改变。拥抱不仅是夫妻间亲密关系的表现(不要以为只有性关系才是亲密关系),也能让彼此放松,唤起安全感。

再次，在磨合的过程中不要太早放弃，别以为忍耐压抑自己就可以避免冲突。这就像火山爆发的原理一样，就算将原本的火山口堵住了，炙热的岩浆也会在山底下流动，直至找到另一个出口再次爆发。

最后，请偶尔为对方冒个险吧！很多人将夫妻离婚的原因归咎于个性不合、兴趣不合，其实这种说法是不成立的。因为不同的个性与兴趣，如果能有良好的磨合方式，反而是感情的催化剂。例如，从来不吃路边摊的你，找一天刻意陪喜欢小吃的对方吃路边摊；或不喜欢逛街的他，能带着冒险的心情，找一天陪另一半好好探索逛街的乐趣。为对方冒险的定义不是牺牲自己、不是勉强自己做不喜欢做的事，而是带着冒险的心态，陪对方做他喜欢的事，去看看自己不了解的世界（如看不同类型的电影或陪另一半观看运动赛事等）。在这个过程中，两个人的世界会变得更加宽广与精彩。

PART 2

婚姻里，多是**看似一件小事**

真实婚姻的日常生活，
不一定大起大落、大风大浪，
更多的是日常的磨合、
各种琐碎小事和状况的总合，
而且没有使用说明书可以参考。

"即便是二人世界,也需要一个人能够独处的空间。"

全人类最棘手的问题——
让另一半"愿意"做家务

"全世界最困难的问题是什么?有些人也许会把气候变迁、贫穷或恐怖主义列在最前面;有些人可能觉得是犯罪、种族主义或消费主义。不过在有些人家里,也许会觉得做家务是人类最棘手的问题。"这段话出自畅销书作家卡尔·欧诺黑(Carl Honore)的文章,道出了做家务可不是一件小事,如何让伴侣愿意做家务更是一件大事。

当夫妻同住在一起,直接面对的生活中最重要的事就是家务。在咨询室里,我经常会看到为此发生争执而不快的伴侣。通常这样的夫妻一起来做婚姻咨询,根据双方的说法,表面上是两人为了家务分工问题常有冲突。老婆觉得老公不做家务是不在乎她、不爱她、不愿意为家庭付出；老公则认为做家务经常被挑剔，很受挫、压力也很大，感觉老婆只会不断地要求他，却并不爱他。其实核心问题是两人因为做家务双双感到不被爱，这对关系的伤害很大。

所以做家务虽然是小事，但小事不做久了，就会变成大事。为了不让小事累积久了，变成无法弥补的憾事，建议每天投资一点心力在做家务上，就可以让夫妻两人的关系更加紧密，日后就不需要花费更多的时间和精力来修补感情了。

不过，到底为什么另一半不愿意一起做家务呢？以下3种状况可以解答这个问题。有人可能是其中之一，也有人是3种状况兼有。

状况一：懒了、累了、耍赖

人都有趋吉避凶的天性，不喜欢做的事如果有人帮忙做，就会展现出能不做就不做的态度。尤其是下班后累了，人也懒了，这时如果其中一个将家务揽在身上自己做，另一个当然乐得轻松，在一旁喝茶、看报纸、等吃晚餐。

状况二：认为做家务是女性的责任

有许多人在原生家庭中，已经被培养出"做家务是女人的责任"这种根深蒂固的观念。这些人在成长过程中没有做家务的经验，反正吃完饭，妈妈或姊妹会去洗碗；脏衣服丢在洗衣篮中，自然会有人把衣服洗好、晾晒、折好；床单、枕巾和被单隔一段时间就会换新。从小到大，没有人会叫他做家务，他也看不到做家务的过程。在长时间看不到、摸不到的情况下，等到自己组成家庭，就会自然而然认为家务不关我的事。

状况三：不擅长做家务

不擅长做家务是最容易被忽略的一种情况。没有人是天生做家务的能手，这需要时间和实践来提高技巧和能力。尤其男性通常是好面子的，做他擅长的事可以获得成就感，做他不擅长的事容易有挫折感。当老公不擅长做家务时，在做家务的过程中就经常会有深深的挫折感。比如，经常被老婆唠叨这个没做好、那个做错了，这时他为了避免出现挫折感，不仅不想做家务，甚至想逃离做家务。恶性循环之下，自然会对做家务避之不及了。这种情况最易被忽略，但也最容易改善。

其实，男性做家务可以说好处多多，显而易见的第一个好处是分担了老婆的负担。因为一个人将家务全揽在身上，负担非常重，如果有人能分担，就会让单独负责做家务的人大大松一口气。通常对老婆来说，老公帮忙分担家务，也是用行动对她展现"爱的表达"。夫妻间爱的表达有多种形式，包括：说好听的话、亲密时刻和帮她做事等。如果老婆最想要的爱的表达是帮她做家务，而老公针对老婆的需求做了很多家务，那么老公表达爱的效果会非常好。

夫妻之间关系紧密的要素之一：需要有共同合作完成的事情，一起做家务就是其中一项。因为夫妻二人平常工作的地点和内容不同，又来自不同生活领域的家庭，刚好通过分工做家务共同投入，并获得共同的成就感。例如，一个人扫地，另一个人拖地；或者一个人煮菜，另一个人洗碗。

当夫妻二人一起付出或投入某件事情时，感情会更加亲密。老公可以趁着做家务的机会，了解老婆平时做家务的辛劳，并将自己的体会（心疼老婆做家务的辛苦）说给老婆听。例如，"我现在才知道扫地拖地要花一个多小时；我现在才知道衣服没有分类洗，会有多么严重的后果……"这样的诉说，对于老婆日常的辛苦也是一种肯定。

还有一个好处是，当人经过一天消耗脑力的工作之后，可以利用做家务来转移工作的烦扰，体力劳动可以让脑部得到暂时的休息。

《男性的声音：做丈夫的如何看他的婚姻、妻子、性生活、家务事和承诺》的作者崔西克（Neil Chethik）曾说："家中劳动力的分配，对于一桩婚姻的健康程度是个重要指标。"崔西克访问过300位已婚男性，发现那些对于家务分配感到满意的夫妻们，每个月的行房次数要比不满意的夫妻多一次；如果老婆因家务分配不公而很不快乐，老公很有可能会因此而认真考虑离婚，而且这些老公外遇的概率也会比他人高出两倍。

因此崔西克认为，家务的分配可以为婚姻质量带来大幅改善，而且这是夫妻双方可以控制的情况，只要做一点小努力，就会带来较大的变化。

至于夫妻之间该如何更愉悦、更舒服地共同分担家务，可以从以下几个方面着手。

首先，夫妻双方一起讨论有哪些家务事。一种方式是老婆先提出她最不喜欢做的家务，老公就接手。虽然每个家庭都不太一样，但老婆最不喜欢做的家务不外乎刷马桶、刷洗厨房、擦地板、倒垃圾和换被罩床单等。老公帮忙分担老婆最不喜欢做的家务，这会让老婆心情不错。也许老公做的家务并不多，时间也不太长，就家务分担的公平性来说并不公平，但因为他做了老婆最讨厌做的家务，一件抵十件，会让老婆觉得很舒心。

另一种方式是从老公最容易上手的家务做起，如洗碗、倒垃圾或用吸尘器吸地板。让老公从他擅长做的家务开始，自然成功率高，被挑剔的概率降低，这会增进老公做家务的成就感。有了成就感就会增强做家务的意愿，之后慢慢调整两人之间分工的分量或增加老公所做家务的种类。

其次，让老公主动做家务的秘诀无他，就是用赞美代替挑剔。要循序渐进地鼓励他进入做家务的世界，让他觉得做家务是增进夫妻间紧密关系的好方法。所以老婆可以在做家务的过程中，设定各个阶段的小目标，小目标逐渐累积之后，就能达成大目标。

以洗碗为例，老公虽然不擅长洗碗，但还算想做，这时老婆可以先让他洗不需要使用洗涤灵的碗盘。这种碗盘很容易清洗，老公洗完后给他一个爱的鼓励或抱抱。下一次就教他如何使用洗涤灵洗碗盘，再下次进阶到用棕刷刷炒菜锅……在整个过程中，老婆切记不要挑剔，不要拘泥于他做得好不好。

要了解，没有人可以一次就把事情做得很完美。让老公渐进式适应的重点是，要确保老公以后愿意主动做洗碗这件事。而且每次老公做完家务，一定要给予明确的称赞，如"你帮了我很大的忙、我感受到了你的付出，多亏了你的帮忙才让我比较轻松……"之后再找几项老公有潜力可以做得好的家务，如倒垃圾、扫地和拖地等，用同样的方式引导。当老公做得上手之后，就会主动帮忙了。

还有一个秘诀老婆们需要谨记,就是**"愿意做比做得好更重要"**。因为愿意做家务,表示他有意愿为婚姻付出努力,老婆要看重老公为家庭的付出,做得不好,要帮助他进步;做得好,则要给予大量的肯定。老公们则不要得失心太重,慢慢学会做家务的技巧即可。

崔西克在书中写道:男性和女性都需要好好修习"家务事"这门课,能够解决这类问题的夫妻通常比较幸福。**答案不在于要求老公经常洗碗或洗衣,而是准许他做家务,但不限制他怎么做,也不去批评他做的方式和你不一样。**

如果希望男性贡献心力,女性也必须退让一步,让老公有参与其中的机会,并以他们自己的方式做事,而不被时时监督或饱受批评。听起来非常简单,却是前进的一大步。

咨询师对你说

5个口诀，让老公愿意做家务

其实，处理烧烫伤的口诀"冲脱泡盖送"，也可以套用在做家务上。

冲：不要怒气冲冲地叫老公做。

脱（拖）：不要硬拖着老公做。

泡：让老公不知不觉地泡在做家务的环境中。

盖（概）：老公做家务，大概做好即可，不必要求太完美。

送：做完家务后要送给老公具体的赞美。

已经 8 点 5 分了

"咨询师,你听听看,哪有人因为一个语气助词找茬的?这种日子要怎么过啊!早上我开车顺道送她,她问几点了,我说'已经8点5分了'。她就针对我为何要在这句话后面加一个'了'字,跟我过不去。你说,这是不是她的问题?"

乍听之下好像冠廷说得有理,大家都在赶着上班,为了一个语气助词就要吵架,确实夸张。但长年处理夫妻关系问题的我,当然不会轻易落入判断的陷阱,于是继续问他老婆,是什么事让她这么生气?

"我血压偏低,早晨起床不容易一下子清醒。因为老公前一天说希望第二天早点出发，我已经在压力下拼命加快速度。在连上厕所都没足够时间完成的情况下，勉强达成了老公的期待，8点出门……喔不，还提前了两分钟。"

雯惠开始陈述事情的始末。原来，她本以为自己的牺牲和努力配合会换来老公的肯定，让"没耽误老公准时出门"成为她今早第一件执行成功的事。但没想到，冠廷在回答时间问题时，刻意强调已经8点5分"了"，用这个语气助词表示时间已经晚了，好像她拼命努力的结果还是没让老公满意，这个挫败让她的心情大受影响。

看似一件小事对吧？但了解一下他们夫妻两人的生活背景，会发现冠廷的原生家庭中，父母采取较为自由放任式的管教方式，爸妈没事不会来盯你、关注你，但是家中的既定计划孩子们也只有配合的份。所以他从小就学会要提高音量、夸大需求，这样比较容易争取到父母的配合或重视。这次的"8点5分了"事件，便是他再次强调时间很赶的方式，预防老婆再提出其他会耽误时间的要求，如到便利商店买咖啡等。原本他只是站在维护自己权益的立场上多强调一次，怎么也没想到老婆会有挫败的感受。

雯惠则生长在一个妈妈很容易焦虑、爸爸严格要求孩子的家庭,所以她养成了易焦虑、配合及随时在意是否获得肯定的性格。因此当天早上,在她已经很不舒服的情况下,勉强自己按照老公的节奏准备上班。厕所也免了,化妆也简化了,她有些狼狈地配合着,原本以为自己做得不错,可以完成这项准时出门的任务。没想到冠廷的语气,却让她觉得自己的一切牺牲都白费了,她再怎么努力还是让老公觉得迟了。她已经尽力,却仍然达不到别人期待的阴影再次浮现,这触及了她内心深处最无奈、最脆弱的那一块。

类似的情况也发生在另一对夫妻身上。下面的对话,出现在两人都累得像狗一样的下班时分。

"今天累死了,但晚上还得再加班赶一份报告。"虽然琦琦这样说了,老公阿杰还是口沫横飞地提起今天职场中发生的不愉快事件,希望她拿出同理心来。琦琦拖着疲倦又焦虑工作时间不够的心情听了20分钟,为了给予老公支持,且帮他出气,还采取陪同一起骂的方式回应,但最终忍不住好言好语地提醒老公:"你再讲5分钟,我就差不多到极限啰!"

"好,我不讲了,你不想听,我就不说了!"这下老公不高兴了,接着还离开谈话现场。

"为何我已经对你说了,我今天很累,而且等一下还有工作,你竟然只考虑自己被拒绝的感受,还抹杀了刚才我努力配合你的心情倾听的20分钟?"于是老婆也不开心了。

这件事同样是老婆觉得挫败,再怎么努力都无法达成对方期待的例子;而刚好老公又是非常在意被拒绝感受的人。

类似的案例真的非常多。我就曾经遇到过,有个家庭每次全家一起吃饭总是隐隐不开心,背后也和原生家庭有关。因为老公的原生家庭强调要珍惜妈妈做菜的辛劳,所以他总是勉强自己快快地将所有超量准备的菜肴吃完,才代表惜福并会得到父母的肯定。但老婆的原生家庭却是在菜量不够的情况下,大家总要相互迁就,体贴相让,盘里的最后一块肉经常摆很久都不会有人吃。父母若夹菜到你碗里,则是一种特别的宠爱表示,是这口菜获得保障的依据。所以,可以想象这对夫妻结婚后,饭桌上会发生什么事:老公认为大口扫光菜肴是表达支持,以为这样老婆会开心；但老婆却觉得我为你考虑，你却都不留菜给我，自己吃得慢，吃不够，又心寒。最后无辜的老公一脸迷惘，不知老婆为何又要不开心。

夫妻咨询做久了，发现真的无法从个别陈述的任何一件小事来判断是非对错、离谱与否，这样的争论是没有意义的。对方会敏感的感受一定是有原因的，试着去了解背后的原因，才是化解冲突与吵架的切入口。

针对夫妻任何一方而言，当你很生气或觉得另一半莫名其妙时，请先沉住气，深吸一口气，心中默念："他这么做，一定有他的道理。"然后怀着好奇心，挖掘探索对方在意的点究竟是什么。

至于出于好意想规劝的亲朋好友，请记住，不要随便论断是非啊！你永远无法从一件小事情，去判断夫妻的是非对错。就像从经过剪辑又立场分明的新闻中，你该如何了解事实的真相呢？另外，也别太快劝当事人"这是小事，别太在意"。你不是他，又怎知他被戳痛的点与面对的难题呢？

热压吐司的**委屈**

"我只是想吃热压吐司,他却嫌那家店太远了,明明他想去的另一家更远啊!"

"还不是带她去吃了,到底为什么要纠结一定要吃什么?"

"他根本是觉得热压吐司很贵!我这么委屈,还不是为了婆婆和孩子,连这点钱都不愿意为我花吗?"

故事是这样的,庭芳小两口和婆婆同住,庭芳常常因为饮食习惯不一样而委屈自己,忽视自己的意愿。这天早上,她觉得前天已经有两餐委屈自己了(一餐是为了婆婆,一餐是为了老公),都没有按照自己意愿选择,所以也没吃多少。这个周末的早午餐，以她最喜欢的热压吐司做开场，似乎很不错。她带着对幸福的期待起床，心想终于有一餐可以让自己满足，而非仅仅满足家人。没想到，原本商量好的老公却突然反悔了。他嫌卖热压吐司的餐馆太远了，不想跑一趟，问庭芳可否换别家？庭芳虽然失望，还是努力在网上寻找哪里还有热压吐司。随着时间一分一秒过去，婆婆已经快要结束晨练回家，小两口就不方便再独自去吃早餐了，此时既焦虑又失望的感受马上消耗尽了早起的好心情。

夫妻俩情急之下，随便选了一家店就出发了。因为一小时后他们必须回来陪婆婆看病，于是悠闲的早餐约会，变成了匆忙慌乱、不断配合的另一出戏码。这戏码的悲惨大结局是当他们好不容易赶到那家店，却发现店里只有三明治，并没有热压吐司。

可以想象老婆当时的心情，她得再度接受现实不是自己的期待，勉强地吃下这餐饭。看着普普通通、自家隔壁餐馆就有卖的三明治，庭芳的心情跌到了谷底。经历了刚才在家紧急搜寻的紧张和自己的欲望不被支持的失落，绕了这么一大圈后，就算失望，也没有时间再找了。

她越想越奇怪，因为后来在网上找到的这家店，比原先要吃的那家热压吐司店还远啊！老公愿意来这家，却不愿意去买她原先要吃的热压吐司？

逼问之下才得知真相，老公认为原先的那家太贵了，最近家里正在装潢，开销不少，他突然想到应该节俭一点。只是，前一天晚上外出用餐时，老公还对婆婆和孩子说，你们想吃什么就点，我们家在吃东西这方面不需要省钱。但今天，面对老婆的需求，他却突然省了起来。

这下庭芳真的生气了，累积的委屈一股脑儿地全都抛了出来。在吃这件事上，平时她都为家人考虑，尽量满足每个人的期待。只要是家人不喜欢的口味，她就避免；其他人喜欢而她不喜欢的，也会迁就，告诉自己大家高兴就好。结果迁就到最后，竟然连一餐都轮不到她做主！仅仅是一个小小的满足，老公也不给！

其实，仔细想想，庭芳的老公平时不是这么小气的人啊！上回出国旅行，他补贴了一半旅行费，那可比热压吐司贵上几百倍；而身为妻子，庭芳也从不吵着买名牌货或吃高级餐厅。小两口都兢兢业业上班，过着平实的日子，怎么会在热压吐司这件事上吵翻了天？

原来，一直事事迁就的庭芳融入家庭环境，融入得太好，让老公习惯了，并不觉得平时她有委屈。而早上他突然觉得贵，只是因为在他男性的脑袋里，晚餐可以贵，早餐就该在60元（新台币，约合人民币14元）以内。没想到，单纯个人对早晚餐的"不公平"待遇，却伤了老婆的心。

以自己的逻辑决定事物的价值，是很多男性思考时会犯的错误。自己的事自己决定，两个人的事当然得考虑两个人的价值观，更何况老婆在这个家的"自我"已经很小了，难得有两个人亲密相处的机会，应该多尊重她的意见。

但庭芳就没有可以改进的地方吗？若是全家人吃饭速度快，而她吃得慢，难道就该每天委屈饿肚子吗？觉得委屈，不该只是希望别人能体谅；面对委屈，该做的事是想办法。想出具体的办法，让自己不那么委屈，而非期待别人都能体谅垂怜。比如说，规定中菜西吃，每人一盘；或先夹菜到自己的碗里；

也可以偷偷买回好吃的，藏在卧室里。先别吐槽这些办法不可行，总有方法可以解决问题，而要解决的前提就是**不能因为怕破坏关系而处处受委屈。因为一个处处受委屈的人，终究与其他人的关系也不会好到哪里去。**

我能**帮你买**棉被吗

好多次了，每当佳琳在百货公司看到打折促销的被子，心中总是隐隐有些遗憾。因为她想购买，她想帮老公更换被子，却一直被拒绝。

明明说好了，一定会符合老公对花色、触感及厚薄等各项条件的需求，但老公还是坚持要自己选。每次佳琳在百货公司、网络购物或电视购物平台看到适合的棉被，叫老公来看时，他总是说他自己买就好了。于是那一床已经有棉絮跑出来见客的旧棉被，便一直勉强地盖在既忙碌又经常出差的老公身上。

半年过去了，有一天佳琳出差后回家，一进门便听到老公兴奋地说："我买到我要的棉被了！"他一副小孩表现好，想要邀功的神情。刚开始佳琳也为他高兴，直到晚上就寝，她看到新棉被，不禁有些落寞。这床棉被质地粗糙，化学感重。老公坦承是在大卖场买的，但他觉得这床棉被既好又便宜，还为终于完成拖了很久的一件事而得意呢！

翻过身来，佳琳暗自叹息，心想：我还以为你对棉被有多高的标准，所以结婚以来一直不同意我帮你添购棉被，没想到你的挑选品味竟是如此。我明明比较会挑，为何长久以来都拒绝我呢？就不能信任我能为你选择一床合适的棉被？还是我无权替你买一床棉被吗？

本来，每天清晨快要清醒之际，老公都会侧身让老婆钻进他的被窝，两人躺成两根香蕉并排的形状，环抱着再睡一会儿。这是他们多年以来，有默契、最珍惜的亲密时光。但这天早上，佳琳半梦半醒之际翻过身去，却抱不下去了。这触感和气味以后竟然要天天闻，而且要在清晨一起盖！想到过去种种要买棉被而被拒绝的心情，她就气从中来，觉得老公一点都没有考虑到她的感受。

对老公来说，不过就是一床棉被嘛！还以为老婆一直在意要换掉破被的这件事完成了，况且买得又便宜，他做了这么有成就感的一件事，老婆回家后应该会大大肯定一番，没想到她却不高兴了。

对老婆来说，这个家里可以让女主人决定的事，她没被授权，老公一直以来的拒绝，让她有些受伤。最伤的是，最终她发现老公坚持的并非是品味，只是要"自己"挑选、决定，这种感觉更是一种被切割的无奈。

其实他们夫妻之间的感情并不是不好，只是每次趁佳琳出差，老公就会自己去做一些一直以来百般拒绝她的事——那些她曾提议一起参与的事。例如，选棉被、一起整理储藏室或一起去选阳台上的盆栽。而当她出差回来，老公总是兴奋地向她炫耀他做了什么，却无法觉察这种单独行动有多伤她的心。

这样的事情从新婚就开始了。他们的新居是以前出租的旧屋，至少沙发和床垫都需要换掉。结婚前，佳琳就多次提出要和老公一起选购家具。大家都懂得，一起逛 IKEA（宜家家居）是很多小夫妻憧憬美好婚姻生活的开端，但是老公一直拖延。

一直等到一次她出差回来，老公兴奋地向她展示家具都买好了。原来趁最近家具展期间，老公和婆婆两人去挑回了沙发和床垫，老公也是一副想要邀功的表情。

"沙发和床垫是我们夫妻两人每天要坐和要睡的，你一直拒绝我的挑选邀约，却和婆婆一起买了，你脑袋坏掉了吗？床垫太软，沙发太丑，已经花了大钱，不能退货。未来岂不是每天坐着、睡着都要不舒服？最不舒服的是，你还是你，我还是我，婚姻并没有让你我成为一体，我的意见根本没得到你的重视。"佳琳当时心想。

"我只是想到，终于有时间完成老婆一直在意的事，想要给老婆一个惊喜，没想到最后都变成惊吓。其实不是我对家具和寝具有什么特殊的执着，只是想邀功，想看看老婆突然发现我偷偷买了让她一直念念不忘的东西之后的惊喜表情。我想老婆也很忙，这种事直接帮她做了，不用她烦恼，应该也是一种体贴。"老公也喊冤。

当然，这类事情沟通很多次都没有用，你可以想象得出老婆会多么不开心，而老公觉得多无奈。男人要成就感，女人要归属感，两人都认为自己在婚姻中很努力，却得不到正面回馈时，便容易吵架。老公坚持他是对的，生气做了事却没有得到赞赏；老婆也坚持她伤了心，讲了那么多次，她还是得不到采买大型家用物品的授权，没有被老公信任，也没有亲密的感觉。

一方要成就感，一方要归属感，这种不同调经常出现在夫妻之间，仿佛不同国度的两个人说着不同的语言。比如，"我每天上班赚钱累得跟狗一样，你却向我要浪漫？""我只是要两人在一起的感觉，不是分工不合作，永远没交集！""你从没肯定过我！""你从不在乎我！"这些对话都是出于这样本质上的不同，而且觉得对方不可理喻。

两个背景和经历都不同的人，要设身处地地了解对方谈何容易？但婚姻就是这样磨合的道场，有冲突是正常的，但随着不断了解磨合，会产生新的你和我。伴侣们！沟通时请别坚持自我或一味牺牲妥协，想想佳琳和老公双方的心情就能理解，夫妻这两个字里面得有原来的自我，也有融合的智慧。如此这般，也才能如好酒般越陈越香。

万恶脸书的**感情试炼**

"一般正常的老婆都会感谢老公赚钱养家吧!"老公抱怨。

"一般人放假都会带老婆出去玩吧!"老婆不甘示弱地回击。

"人往往因为比较而心生不满,说脸书是万恶的深渊也不为过。它像购物频道一样,蛊惑人心、挑动欲望。不看没事,一看就觉得自己缺了啥、少了啥。在没有脸书的时代,放假4天也不会知道朋友们有没有出去玩。现在好了,大家全放上些美食和美景照片,暗自较劲,搞得我们安安分分、平凡过日子错了似的。好不容易放个假,也不能休息。"老公连珠炮似的说出心声。

两人的音量越来越大,眼看要一发不可收拾。对方眼中看到的自己，都是那么邪恶、不可原谅，而且"不正常"。这一切的起因就是脸书。

对老婆来说的"正常"，是放假时打开脸书看到的好友们一家出游的照片：美食、美景、晒恩爱、遛小孩，"4天3夜香港迪士尼全家游""京都赏樱5日美食双人旅""宜兰到花莲两大一小开车自由行"，每个标题都刺眼。反观自家老公，则是放假在家一条虫，只想休息不想动，既无情趣又没乐趣。不管老婆如何明示、暗示、威胁或利诱，他都不为所动。老公说放假只想在家发呆、玩玩游戏或看看电视。即便是老婆主动安排好行程，他也不想出门，宁愿花时间和体力保养爱车，也不愿保养与老婆日渐消退的夫妻浓情。

而站在老公的立场，所谓"正常"则是，他和哥们儿喝啤酒时，大家吹嘘自己的老婆多么感谢自己的付出云云。虽然真实度不可考，可能彼此相互炫耀夸大，编造维护自尊的成分居多，但他全然相信，深深觉得唯有自家老婆不够懂事、不够体贴。于是他对老婆看了"万恶脸书"后的撒娇、埋怨或沟通渴望，全视为对自己的挑剔，时而不屑，时而恼羞成怒。

确实，大部分的脸书贴文与贴图都是美好事物的分享，极少有人会展示现实生活的苦涩或无奈。毕竟这不是日记，而是亲朋好友看你的窗口，也是争取点赞的绝佳舞台，正向心理的自我催眠与好心分享并存。脸书上的"脸"，终究还是化了妆的脸。

而感情禁不起比较，脸书的存在，加重了比较的残酷。一张美照背后，能激起的欲望包括：人家老公的摄影技术比较好、人家都能出国玩、人家看起来感情很好、人家的老婆40岁了还是很漂亮、人家又买了新车和新房。**每一个"人家有的"东西，都如镜子一般映照出自己（或另一半）的不足与缺乏。**

当然，同样的脸书内容，有些人看到了会群起效尤，心生亏欠地赶快弥补伴侣，为另一半创造更多可以在脸书上秀美食、美景和美照的机会，当是美事一件。只是，这样的美事往往只发生在别人家中。若将现实生活构筑于好莱坞电影般的梦幻剧情中，只会徒增失望。

我想说的是，身为老婆，若能够在脸书战场反败为胜，将自己生活中平凡的小幸福（如家中的一盘蛋炒饭或老公发呆时的双手）也当成美照上传，又何尝不是让人羡慕的一幕？嗯，不过这听起来像是日本大河剧①中的妇女，甘于枯燥平凡的日常生活，压抑欲望却心存感恩，对于现代女性来说也未尝公平。

那该怎么办呢？无论老公还是老婆，都要清楚认识到不管是脸书、好莱坞电影还是日剧，都无法全然代表现实人生。现实中的幸福，唯有两人共同妥协、相互满足，而并非与任何人比较而来。

---

① 指长篇历史电视连续剧，主要以历史人物或一个时代为主题。原本是日本 NHK 电视台自 1963 年起每年制作一档的连续剧的系列名称。

男人的**玻璃心**

　　终于熬到了可以躺平的时刻，上了一天班，已经累坏了的夫妻二人正准备就寝。

　　"老公，我的单据已经帮我寄了吧！"老婆不放心地问。

　　"什么单据？我发誓你从来没有给过我什么单据！"老公提高音量大声回应着。

　　不得了了，老婆睡意全消不打紧，取而代之的是肾上腺素激增。明明今天早上将装有单据的信封交给老公，拜托他经过邮筒时投递，现在他推了个一干二净不打紧，单据弄丢可是要赔钱的大事啊！快找找，书桌、客厅、回收垃圾，一一看过。

站在一旁的老公不但不帮忙，还嘟嘟囔囔地念着："你又没交给我，干吗怪我！"此时老婆无暇管老公，继续找，一定得找到！终于，在老公的书桌上发现了今早装单据的信封，但里面的单据却不见了。再问之下，老公才缓缓地说：

"你又没告诉我这信封里是要寄的单据，我还以为是用过的垃圾纸张，所以把它丢掉了！"

"什么！你丢掉了？"这时老婆也开始大声起来，两人之间的战火一触即发。

"你没讲清楚还怪别人？你只是给了我信封，叫我帮忙寄单据是给我信封之前几分钟说的，我没把这两件事联系起来，是你没讲清楚！"老公不顾深夜扰邻地大声吼着。

老婆越听火越大，为何枕边人在自己最焦虑的时刻不但不帮忙，还一味撇清，甚至先骂人为强？于是两人大吵了一架，这个夜晚，好不平静。虽然最后在小区的大垃圾桶里翻出了单据，还是没能让两人心平气和。

这类情节并不陌生，是我在夫妻咨询过程中经常听到的抱怨情节。老婆气急败坏地觉得自己最亲的人办事不牢也就算了，居然在她最焦虑时还落井下石,甚至不惜毁掉两人的睡眠大吵一架。而被激怒的老公其实也很紧张,他确实没把老婆说的两件事联系起来,但是看到老婆焦虑的样子,自己也吓坏了。自己是否犯了什么无法挽回的大错?老婆看起来不会轻易原谅自己,心想一定得替自己好好辩护不可。先把老婆交代事情有瑕疵的部分说清楚,以便保护自己;同时又暗暗希望老婆大事化小、小事化无就算了,为何不能接受自己犯的一个小小的错误呢?一个觉得在需要时没得到支持,另一个则觉得自己没有获得接纳。两人的焦点不同,却都在焦虑中大声地抗议着、争吵着。

很多时候,场景和事件会变换,但夫妻吵架的内容很像,都是在关系中受伤了,与发生了什么背景事件根本没关系。

请静下来想想,就会发现,男人虽然拥有恶狠狠的外壳,却带着一颗怕被评价的玻璃心。比如,老婆只是提到想要有更多一起约会的时间,他就认为老婆是嫌他付出不够多;老婆得意地说起几位闺蜜都买了名牌包,但她才不想买呢,他就觉得可能是讽刺他买不起;老婆说该吃综合维生素了,就是在暗示他身体不好、衰老了;老婆说他说话伤人,则是嫌他没能给她快乐。

难怪宫廷剧盛行，皇上与臣妾之间的游戏，其实是为了保护心灵特别容易受创的脆弱皇上。活在虚假的世界中，好像人人都肯定他。但一个人若每天只能听到鼓励与赞美，怎能分辨真实与虚幻的差别？所以若有不赞美存在，那一定不是我的问题，而是你的问题，是你让我不舒服。

你知道吗？有时候造成大吵的原因，只是绝大多数男性是自己心目中永远的男主角，在对方需要关系的支持、安慰或共同承担时，男性听到的往往是要求、抱怨、责怪与否定，于是第一时间想到的是如何替自己辩解，仿佛是想赶快抹掉过错的小男孩；而那气急败坏的女人，也只是眼巴巴希望得到伴侣关心的小女孩。

主妇的**标准**

因为怀孕生子而暂离工作跑道的佩雅,曾一心想在职场中闯出一片天地。她向往成就感,从未想过会"沦落"到整日在家换尿布、伺候孩子的处境。说是步调悠闲,却不能离开半步,重心绕着宝贝转,活生生就是一个没有自我、没有生活、没有工作的女人。看着同班同学们一个个在职场上奔跑发亮,让她面对自己的停滞生活非常难以适应。虽然免于每日早起出门的紧张挑战,但她的心里一点也不轻松。直到有一天,她也加入自制美食分享的行列,并且成功地做出了上色均匀的杏仁薄片后,生命才获得一点点救赎。

相对于职场中的跑程序、跑业务、跑流程、跑三点半[①]，全职家庭主妇的人生不是用跑的，而是扛着沙包孤独地慢走。

因为没有太多机会证明自己的价值，自然也没有什么机会刷存在感。家务即使做了也不会有人发现，只有食物可以立即获得回馈，也可以托付自己对家人的感情。于是，她常边做边享受，边尝试边期待，期待家人吃得心满意足的笑脸，在期待中度过一天。她想象自己展开一双翅膀及一双魔手，为家人打造一个温暖的家，一个充满美好食物味道的幸福之家。

这天，佩雅新学了几道菜，在孩子午睡时匆忙准备好复杂的工序，累得自己连中午饭都来不及好好吃。汤炖上、菜切好、鲜肉包蒸上，就等老公回来炒个青菜，再烤条鱼即可开饭。再想一遍流程，确定可以在老公回家后最短的时间内变出一桌美食，而且每道都要香喷喷的，色味俱全。

只是等了又等，等了再等，老公都没回家。打电话也未

[①] 中国台湾的银行下午三点半打烊，如果给别人开了支票，到了兑现日期不把钱存进去，就会跳票，影响个人信用。所以资金吃紧的人，常常到了支票兑现日筹到钱后，赶在银行打烊前把钱存进账户，被称为"赶三点半"。

接，她开始焦躁起来。是出事了吗？还是自己忘记了老公今天有事？她忍不住打办公室电话询问，却无人接听，看来都已经下班了。

佩雅一直等到饭菜已凉，心也凉了，才听到熟悉的钥匙开门声。老公回来了，自己该以什么样的表情面对他呢？该隐藏自己的焦虑与生气吗？

"累死了，吃饭还要应酬，吃得既撑又不消化。"老公没好气地说，见她没什么反应，又接着说："还是像你不用上班比较好，你不知道工作已经很有压力了，还要应付复杂的人际关系，真的很辛苦！"

她知道，她真的知道工作很辛苦，也很想安慰老公，并且嗲声肯定他为家庭所做的付出与贡献。对他来说，这只是一餐饭，不必应酬的一餐饭，填饱肚子而已。但对她来说，这一餐仿佛是她的一生，在虚空中唯一抓住的真实与价值，桌上这赋予极大心血的一餐饭菜，终究没有被看见。

看到这里，许多人会觉得情节似曾相识，夫妻彼此不理解的沟通不良，就像是功能不佳的手机耳麦，根本听不清楚彼此的声音，只是一味按照自己的标准对待另一半或评价对方。就如故事里的佩雅，老公辛苦上班一天回到家，根本没有觉察她的用心，认为她在家带小孩应该轻松自由得多。老公并不了解老婆在家带小孩，根本空不出时间来喘口气，以及整日面对幼童的无聊、无力和单调。要是他多说几句：水槽里的碗都没有洗、阳台晒好的衣服为什么不收；或者要他拖着疲累的身躯帮忙做家务……很可能容易脾气火爆，直接点燃了争吵的火花。

另一方面，佩雅也可能容易轻看老公工作上的压力，以及有时候被人恶整、极度受辱，还得为了家庭收入勉强硬撑的辛劳。更别提，许多艰难无法向不在职场的老婆诉说。说真的，叫男人吞下一口气，并不是那么简单。

恭喜你，看到这篇文章，或许表示你们已经在思索并寻找解答。建议你们从今天起，先重新检查自己的"耳麦"功能，是否充分地站在对方的立场上了解彼此？或许，这样才能学会彼此体谅。

可恶的**正向思考**

"下次当兵的弟弟周末回家时,衣服可不可以分开洗啊?因为在部队里面大家一起洗,太脏了!"

"没有啊,没有一起洗,这次洗的衣服里面没有你的衣服啊!"为了消除老婆的焦虑,启元冲口而出。

"就是因为看见了才会提,你还要睁眼说瞎话。"一连两个谎言,听得毓玲很火大。

"弟弟送进洗衣机的军服只是一小部分,大部分昨天已经拿出来洗了。"发现无可辩驳后,启元改口了。

这样的回答,大多数老婆听到只会更生气——小部分和大部分有差别吗？一点小事为何要不惜说谎，也要抹去她的抗议？老公也觉得很委屈，他讲话是有点不精准，但其实是想让老婆宽心的一种安慰方式，以为只要把事情说得轻描淡写，老婆就不会焦虑或觉得衣服都被洗脏了。

"周末我做西红柿肉丸子饭给你吃好吗？上次你说在电视美食节目中看到这道菜很想吃，我想到了一种做法。"

"不要吧，不要做了。"

"那周末你想吃什么？还是你想出去吃？"

"我还没想好。"

类似的对话进行到此，老婆通常会既难过又生气，觉得自己处处为你设想，你却一口回绝，而且回绝的理由竟是"我还没想到"。老公也觉得很委屈，老婆怎么那么爱生气，他其实只是想到周末老婆要加班，回家后可能已经很晚了，老婆做饭他又要洗碗，而周末他不想洗碗而已。只是，这些理由还来不及说或不好意思说，老婆的气球已经炸开了。

这类事情可以有很多变形。例如，老婆抱怨婆婆，老公就说其实我妈也不是那个意思；老婆说我们最近相处的时间好少，老公就会回答哪有，我每天都回家；老婆说我最近月经好像来得不太稳定，老公则回应不会吧，我觉得挺正常的。

其实，老公的感受是自己常常被骂、被嫌，好像说什么、做什么都不对，在老婆眼中自己仿佛不被接纳；但老婆的感受却是不被对方在乎、不被接受，一切的担心、痛苦、为难、好意都会被老公抹去或拒绝，在关系中很难得到满足。

你知道吗？关键就出在"正向思考"上。我们在成长过程中，特别是男性，总是被鼓励要正向思考，负面情绪一出现，就要赶快抹去或转念，让自己以最快的速度回到正常轨道上维持运作。所以他也用同样的方式对待老婆，出发点还真不是恶意，可能是安慰，外加打气和鼓励。

只是，作为老婆可能感受不到，因为她无论说什么、提什么，总是被打击。特别是她需要安抚、安慰、理解或同情时，老公的正向思考反而让她感觉很残忍，完全否定了她的感受，忽略了她的担忧。

老公的正向思考，若再加上不太想承认的以自我为中心，就更容易成为引爆夫妻冲突的导火线。例如，上述对话的背后，其实是老公先想到自己不想洗碗，盖过了体谅老婆想为他烹煮美食的心意。那一刻，老公只想到了自己的需求，却又不太愿意承认，于是模模糊糊地提出反对，让老婆加深误会、更心寒。

夫妻关系中，在没有充分理解之前，**真的不能一味正向思考。这就像对着因中风而躺在床上动弹不得的病人说："加油，你一定能恢复！"** 其实，正向思考有时只是找不到话可以安慰时，快速选择的一种残忍说法，**因为我不想承认，也不知道怎么面对你的痛苦。**请跳出这种莫名的正向思考吧！正视彼此的情感需求，也说出自己真正的需要，更有助于让夫妻在这段关系中都得到满足。

要不，看电影**分开坐**

没想到假日会有这么多人来看早场电影，志明的心情有些忐忑。因为春娇前一天还提醒他要在网上订票，但他抱着一丝侥幸心理，却赌输了。拜托拜托，一定要有票！志明暗自祈祷着。

轮到他们了，站在排着长长人龙的售票窗口前，运气没站在志明这边。

"抱歉喔，这个小厅目前只剩第三排的位置有两人连座，建议选分开的第六排和第九排的两个位置。"

一时之间，天崩地裂，脑袋糊化，不知所措的志明转头问春娇："分开坐好不好？第三排太近了，不能看。"

面对着后面排队人潮眼巴巴地等你快速抉择的压力，再加上志明都这样说了，好像也只好接受，春娇无奈地说了声好。

买完票，春娇越想越不对，这半年才看一次的电影约会，竟然是分开坐？于是她对志明说："还是觉得好遗憾喔！"

心虚的志明反应很大："我刚才不是问你了吗？我本来是不想分开坐的，因为你说好，我才买的啊！要不然不要看电影了，回家好了！"

春娇原本抱着委屈也无妨的心情，若能被安慰一下，心情也许就平复了，或许分开看另有一番情趣呢！但志明当场将责任推到自己头上，她也忍不住激动起来了。"你若是不想分开坐，为何售票员询问时，不直接拒绝？你转头问我，而且否定了另一个选项，难道不是要我同意的意思吗？"

"我不要和你在大庭广众下吵架。你丢脸，我可不想丢脸。"志明小声说。

"我只是要听你到底是怎么想的？为什么做了又不承认？"春娇大声说。

志明抱怨春娇爱生气、太激动、不给面子且无理取闹，而春娇则满腹委屈地说她其实适应力很强，只是心情需要一点安抚，但每次向志明寻求安慰时，志明都会因为感到被指责而反击回去。委屈加上被骂，往往就撑不住了，于是春娇激动起来，志明冷酷起来，形成一个恶性循环。

这样的对话，经常发生在夫妻之间，背景可能是电影院、风景区、家中客厅或咨询室。一方索取安慰，另一方却觉得被骂不爽。老婆说："你都不怎样怎样……"老公听到的不是撒娇，而是责骂，于是采取辩解、制止或反击的方式，让老婆更受伤。

在夫妻咨询过程中，我很少直接给建议，因为每对夫妻的个别状况与意愿大不相同。可能是女方的撒娇技巧需要重修，也可能是男方的好面子问题需要处理，又或者需要两人对对方的个性特质多一些接纳。任何一个环节改变，都可以影响结局。就像上述状况，问题的本质根本不在于没买到连座电影票，而是他们面对变局或逆境的应变出了问题。

你呢？与另一半约会看电影时，会接受分开坐吗？若你寻求这个答案的统计，是想用民调大数据来说服另一半，我劝你打消这个念头，婚姻不是一个从众的选择。你的另一半理应对你有其特殊性，需要在了解对方和自己的情境下，商量出每一个决定，并没有"正确"或"应该"的决定。若你的伴侣很期待腻在一起的感觉，那你就绝对别做分开坐的考虑；若你的伴侣是个很在乎观影位置的电影迷，而且不在意独坐，那当然可以有分开坐的应变；若你不太了解你的伴侣，连他（她）喜欢分开坐还是坐在一起都没有概念，那就该提前早早预定连号的电影票。

为什么**不管我**

难得的假日午后,夫妻二人在客厅里各自做些日常琐事。

"每次看到你走过来,我都以为你是要来找我。结果发现你不是来拿我身旁的老花眼镜,就是捡我脚下从柜子滑落的塑料袋,每次都好失望喔!"老婆说。

这时,身为老公,优等答案应该说:"啊,老婆,不好意思,我没发现你这么爱我!我也爱你!"然后紧紧拥抱老婆一会儿。

中等答案:"喔!我没注意到。老婆你口渴吗?需要我帮你倒杯水吗?"

劣等答案:"我只是要拿眼镜,没眼镜看不清楚。"

不要命的答案:"你发什么神经?老夫老妻了还找茬?哼!对我失望?那你有一辈子慢慢失望!"

当然,怎样回答与你们当时的感情甜蜜度有关,但是你知道以上答案是怎么分出优中劣及不要命等级的吗?

好的答案是回应老婆的"依附需求",读出老婆这番话背后,内心对老公多看她一眼或多碰触她一下的渴望。所以老公直接以温柔的态度回应,满足了老婆的需求,自然天下太平,甜甜蜜蜜。

解释,往往不是好的开始。因为在为自己辩解的同时,也忽略了对方表达的需求,只是一味证明自己没有错,并不会让关系变好,也不会让老婆温柔或听完闭口。相反地,你在慌乱中提出的理由,有可能会更让她感到自己不被需要、不够重要,那么就越解释越糟了。

若是解释之后,也稍有一些关注对方的表现,如拿杯水或拍拍对方,那也能接受;但若只是解释,然后认真地埋怨对方小题大做,要求对方勿钻牛角尖,那是找架吵了。

而且,糟糕的回应往往伴随着老公的情绪被激发,内心被触伤，觉得好端端地干吗对我不满意？一把火上来，很可能会将原本老婆的撒娇全都烧尽。两人不断加剧的紧张情势甚至一发不可收拾，毁掉整个悠闲的午后；或者要花更多时间与心力摸索、道歉、安慰、解决这个局面，得不偿失。

下面是另一个故事。

结束了两周繁忙的工作之后，夫妻二人约好各自下班后在百货公司会合，难得可以一起在百货公司楼上的餐厅用晚餐。当晚餐点美味，气氛融洽，价格也没超预算，老婆很开心，直呼好久都没这么轻松高兴了！

酒足饭饱之后，两人向停车场走去，却遇上了百货公司门口广场上摇滚乐团的重金属音响及歌迷尖叫的高分贝侵袭。一向神经衰弱、怕吵怕大声的老婆问老公："我们一定要走前门吗？"老公想也不想地说是，然后便一人快步往前走，不安的老婆只好跟着走。

果然，这场活动的分贝数超高，人潮又挤，在一片混乱、扭动与尖叫声中，号称"狗耳朵"的老婆虽然捂住了耳朵，还是听得到高频噪音和足以影响心跳的低频振动。她整个人像经过枪林弹雨般地绷紧神经、快速奔逃，只希望能快快逃走。

就在这混乱的瞬间，一路向前走并没有回头看老婆一眼的老公竟然停了下来。他不是照看老婆，而是好奇地转过头去看舞台上到底在表演什么。此时只想迅速逃走的老婆，被突然停步的老公挡住去路。即使大声喊叫，他也不可能听见，老婆只好拉着老公死命往前跑。因为必须从耳朵上移开一只手来拉住老公，而让右耳暴露在巨大噪音的折磨中……最后，刚才美食带来的所有愉快和放松都消失殆尽，取而代之的是因焦虑和情绪紧绷而导致的心律不齐和生气，而一脸无辜的老公还不知道发生了什么事。

"你为什么停下来？"老婆问。

"我只是好奇嘛！"老公答。

"你忘记我很怕噪音了吗？我们结婚10年了，但凡鞭炮声、碗盘声或喇叭声我都能避就避，你又不是不知道？"老婆问。

"我刚才一时放空嘛。"老公答。

"那我刚才在门口问你一定要走这条路吗？你回答一定要。事实上百货公司的每一侧都有门可以走，明明可以绕开，避免让我痛苦的。"老婆问。

"我刚才没想那么多，你干吗这么生气？"老公反击。

倒霉的老公觉得老婆不应该把环境噪音怪在他头上，而老婆则认为老公不在乎、不重视，也不尊重她。夫妻本是同林鸟，噪音来时各纷飞。老公进入了好奇与放空的世界，忘记了相知相惜的老婆此时正承受着巨大的痛苦。

忘记老婆多年的脆弱与需求；忽略老婆面对变局时提出的讨论与质疑；随意、随口给出一个答案，希望老婆遵循指令。每一项都击中了老婆未被满足的依附需求，难怪她会生气。气的不只是噪音干扰，而是老公没有顾及她。

其实，老公不必总是甜言蜜语，但需要用心听懂老婆表达的事情，为了两人长久的未来，愿意商量一些生活改变。老婆说她不舒服了就是不舒服，无须帮她判断这创伤该不该有情绪，请接纳并安慰她，即使无法马上想到解决方案。

絮絮叨叨讲了这么多，虽然都不是什么"大事"，但你或许会心有戚戚焉。因为**老婆抱怨→老公没反应→老婆抗议→老公以攻击作为辩解→老婆感觉诉说委屈、寻求安慰不成反被骂；**

老公感觉解释不成，不被接纳→吵架！

以上情节就像连续剧公式般在很多家庭里重复上演。身为老公总把老婆的抱怨当成指责，急着为自己辩护时顺便攻击一下对方，感觉对方期待太多，不给余地；而身为老婆一定有原因才需要寻求安慰，结果寻求安慰不成，反而更受伤或被责怪，感觉自己需要时却被重要的人拒绝。一个觉得被否定，一个觉得被拒绝，两人就像在玩踩对方脚上绑气球的游戏，不管谁踩谁都会爆炸。

归纳起来，这些故事站在女性角度，都是"依附需求"没有被理解与满足，才产生的争端。而这类事件累积之后，就会全部指向一个共同的可怕事实，即"老公不在乎我"。

于是每件小事都变成了大事，让老婆既恐惧又失望，既生气又伤心。老婆恐惧生气时，便会骂老公、质问他、教育他；失望伤心时，便会不理他、冷淡他。又因为老婆降低了对老公的信任感，不敢再依靠，或许会直接放弃感情依附，也或许会反复验证，再次核实另一半是否在乎他。

而老公，只觉得自己因当时的情境犯了一个小错，却完全得不到对方的接纳、原谅和包容，好像永无翻身之日，彻底被否定，心情也很糟。最终演变成一方觉得只是小事，另一方却认为是"创伤"。

"依附需求"是亲密关系中最需要的，也是没得到时最容易发生冲突的。只要有一方感到不重要、不被在乎、被否定或被遗弃，整个关系就不平衡了。在亲密关系里，涉及你在我最需要的时候遗弃我、背叛我、否定我或不在乎我，都很容易变成心理创伤。所以，创伤不见得是人人皆能认同、理解的大事。在当事人心里，当时产生重大影响的，便是创伤。

其实，只要从依附需求的角度出发，就会发现，很多时候老婆向另一半抱怨公司，是希望有人能陪她一起出出气，不是劝她与人为善（老公没站在他这边）；老公对老婆解释某件事没做到的原因，是他不想让伴侣失望（怕对方打心底里否定他），不是故意找借口、找架吵或辩论。

所以，被老婆责怪"为什么不管我"时，先体会一下，对方是否正处于"你看看我，然后抱抱我嘛"这类希望依附需求得到满足的状态？毕竟，夫妻互动不能像玩踩气球，而要像踩影子。不是攻击性的防卫，不是你死就是我活，更不是只保护自己脚上的气球，而要随时注意对方此刻在环境下投影出的形状，站在对方的立场，关心对方的需要。

若真的有创伤了，也要对症下药，合力疗愈，以免留下后遗症。例如，在接下来的日常生活中，以行动和言语反复强调，表现"我绝对不会遗弃你、背叛你、否定你或不在乎你"；也可以针对当时的创伤情境，讨论下次如何避免预防，展现"绝不会让你再次受伤"的诚意。这样或许还能在创伤中，重新找到令关系升温的契机。

而受到创伤的那一方，也请努力维持一点点理智，不要以一次的经验抹杀了对方平时所有的努力。需要疗愈时，也请明白地告诉对方，你需要他如何帮助你。尽量不要提高标准门槛，如希望对方能自己猜到、主动行动，以再次证明爱情。这种期待往往会让你更失望、更受伤，而两个人都会为此付出更大的代价。

"老婆啰唆"这件事

"其实应该是我老婆接受咨询才对,不过我先来看看有没有效,评估后和她商量是否要一起来。"佑盛嘟嘟囔囔地说。他一坐下,就开始抱怨老婆啰唆。

他衣着合宜,既时尚又休闲,说话条理清晰,面带微笑,态度直接,但保持礼貌。无论与之对谈的对象是男是女,都很容易对他产生好感。但,我不会天真地以为他在家中的表现也是如此。很多人在社会和职场上很成功,甚至也有良好的人际关系,但是每天精准扮演的"假我"太多,回到家当"真我"不得不展现出来时,那个被压抑已久的内心小孩,在另一半面前最容易爆发。届时，一切情绪都是毫无修饰的反射反应。

当然，咨询不是一个辨别是非对错的过程，心理咨询师也不是法官。于是我跳过过程细节的了解，直接进入到感受。我问佑盛，当老婆啰唆时，他的感受如何？他说，当老婆一直絮絮叨叨时，他会觉得是不是自己什么地方做得不好，才会一直被监督、被指责，他心里会有不被信任、不被欣赏的感觉。其实他也知道老婆有时唠叨的事是为他好，但是当时就只想放空，不想挣扎着变得更好。老婆的絮叨只会让他更焦虑烦躁，处于一种不安稳平衡的状态。看来，他是一位"耐老婆絮叨指数太低"的老公啊！

什么叫做"耐老婆絮叨指数太低"？是指听到唠叨、建议、责怪、提醒，甚至语气不够温柔的撒娇，只要超过 1 分钟便不想回应，超过 3 分钟可能就要引发脾气，这就叫做"耐老婆絮叨指数太低"。

"你知道在社会上生存有多辛苦吗？有许多上级要交代、目标要达成、对部属要管理、对客户要讨好，理想与现实之间要不断拔河……当忙完这一切回到家，请你不要告诉我还有什么没做，什么该做！我只想自己一个人打游戏也好、看电视也好，完全放空自己。这是我仅剩下的留给心中那个小男孩的一方土地，不容侵犯！"佑盛有点激动地说。

原来，他另一方面更深层的模糊感受是不喜欢别人管我，我在家只想做自己，爱怎样就怎样，不想再配合扮演某个角色，达到别人的期待，比如说成为一个让老婆开心的好老公。他期待能够拥有很多独立的空间，也从不认为关系是需要经营的。

所以，每当老婆开始啰唆，佑盛就表现出不耐烦。老婆有事情不应该在上班前啰唆，就算那是她翻来覆去一晚所想，经过咀嚼后早上提出来的事情。因为时机不对嘛，再重要的事也不该在上班前说啊！于是佑盛经常压抑着怒气不回应，让老婆像对着无声的大海说话一般。看着她说话的嘴巴和越来越着急的面孔，他只是心里觉得厌烦和害怕，根本没听到她想说什么。

那应当什么时候说呢？看电视前说会牺牲想看的节目，打游戏前说会牺牲团体在线游戏的时间，洗澡前说会破坏心情，睡觉前说会影响睡眠，就算是下班时说，他会觉得辛苦一天刚回到家就讨论事情，也太累人了吧！其实，最好是老婆别太多话，日子过得平平静静，我没对不起你就够了，别一天到晚要彼此了解什么的。

对于佑盛而言，听老婆说话时要忍住不开心已经够难了，何况还要回应？但他厌恶的表情是掩藏不住的，再加上不回应的态度，往往触动了老婆情绪炸弹的引信，让她更焦虑担心，分外觉得两人需要沟通。于是一方说个没完也得不到回应；另一方却冷冷看着那张说个不停的嘴巴，奇怪怎么不会停下来，心里却是怒火中烧。

而佑盛的老婆呢？和老公说话是她在婚姻中被老公"看见"的方式。家务的特质通常只是一种"维持"，很难有明显的成就感。她再忙、付出再多都不要紧，但是要被看到、被欣赏，甚至被珍惜。于是，她把心情琐事说给老公听，希望被听到；把抱怨说给老公听，希望被安慰；把一切关心老公、要求老公做到的大小事念叨给老公听，希望能发挥自己的影响力，让对方更好，并从中看到自己的价值——这一点很多职业女性在婚姻中也是如此，不见得是家庭主妇的专利。而老公的冷漠或负面回应，对老婆来说就是被忽略、嫌恶及否定自己的价值，让自己在婚姻关系的角色中丧失一种重要性与参与感。

在我认识的夫妻中，有一种类型的互动模式会变成如佑盛夫妻这样，最终往往会演变成僵化的你追我逃。当追也追不到，逃也逃不了时，便引发世纪大战，最后可能得花更多的时间和精力来完成一场吵架。

看到这里有人会说，有些事没那么严重吧！或许吧，每段关系都是因人而异，但是夫妻会感情不好，多是从小事开始吵起。明知是小事，为何还那么生气或反应激烈？就是因为触及双方心中最深处、最隐晦的希望。期待落空，自然会生气。一方没有保卫好自己心中那个小男孩最宝贵的自由；另一方则是饱受嫌弃感威胁的小女孩，奋力以她的哭闹争取生存。

看来确实公婆都有理，很难叫谁忍让，那么这个困局该怎么解呢？**同理心，是改善关系的第一步。**当自己被理解后，就可以稍稍放下防卫或攻击的武装面具，平心静气地看看另一个人的内心——他或她内心那个被压抑的小小孩。我们对小小孩总有无限的包容及怜爱，但是当这个小小孩被大人张牙舞爪的犀利词锋包裹时，实在很难看清。夫妻间的吵架，在彼此真正深度理解对方的感受后，将不再是敌我关系般泾渭分明，非要争出你赢我输；而是共同面对两人的心理需求，以两人作为一个共同体，来寻找解决之道。揭开两人丑恶的吵架攻击面貌，看到内心那个小男孩、小女孩的无助与渴望，然后携手说：来吧！我们一起解决。

亲爱的，**独处一下**好吗

"为什么吵架后老公需要冷静？不懂不懂不懂！"咨询室里的女子有些歇斯底里。

芝如通常在吵架或关系破裂后，都非常希望快点恢复，不管是安慰也好，讲清楚也罢，找到解决方案，避免下次冲突更好。反正只要在关系紧张的状态下，她就似乎事事不顺，心神不宁，无法先做别的事，再回来处理。

所以她若是早上和老公吵架没吵完就匆匆上班，一定会在老公开会时发上 10 条短信，宣泄情绪并且期待被他重视。中午休息时，一定得通电话，虽然不一定有结论，但仿佛老公愿意牺牲吃饭和休息时间照顾她的需求，这本身就有意义——可以让她确认老公还在乎她。此时若是老公想冷静一下或生气不接电话，那可真是折磨死她了！早上吵架后关系不明，中午去电话又拒绝接听，这种被遗弃的恐慌将会无以复加，更加歇斯底里的举动也可能出现！

芝如其实不是故意的，她是真的害怕关系中片刻的空无与宁静。那种沉默仿佛是千年等待的一根针即将落下，她生怕宁静过后等到的会是针落心脏，一针毙命。

难怪她要拼命求证、验证、试探、讨好，无论是苦是乐，是激动或温柔，什么都好，就是不能不理人。她在这样的互动中，才能感受到自己的价值；她在对方的回应里，才能检验出自己被在乎的影子。

这样的女人事业再成功，在关系中的自我还是少少的，心向着老公怯怯的。虽然外表可能被误会成强势、啰唆、焦虑，但实则内心是个超级怕被遗弃的小女孩。若是在关系中失去了重心，整个人也将失去重心。

无奈，上天总是捉弄人，越是需要老公常常"理会"的女人，通常越容易遇到特别需要自己安静独处发呆，甚至在关系中反应迟钝的老公。恋爱时这样的组合或许是天雷勾动地火，但婚后的日常生活却往往是水遇上火，难以相容。一个追着讨答案，一个避之唯恐不及；一个把冷静当成对方的拒绝，一个把着急当成是永无止境的索讨。两人在关系中都痛苦至极。

除非遇上情商高，又懂得安抚老婆秘诀的老公，才能相安无事。比如，若上班前吵了架，老公就在老婆忍耐极限到来之前，先在线用一两句好言安抚，以同理心加贴图片的方式，中午再先发制人地传给老婆一两句话，那就有可能争取到下班时再谈，而且气氛不会太差。

只是，这样的老公难寻，而且亲爱的，**即便是二人世界，也需要一个人能够独处的空间。**

如果深知自己是这样的个性，建议以自我提升取代歇斯底里的焦虑，可以创造更多转移注意力的方法。有时候，等待和独处一下是必要的，这样才不会动不动针锋相对，关系越搞越僵。越要老公紧紧相连的你，越会把他逼得远远的。

分工**不合作**

"我一直没觉得我们有什么问题，只不过我总是没办法让老婆满意。"老公一脸无辜地坐在我面前，喃喃地说道，接着轻轻地叹了一口气。

"就是这种态度让我生气！结婚以来沟通这么多次，他怎么会不知道我要什么？总是一副无奈的表情，好像我无理取闹一样。"老婆的语调开始升高。

老公觉得他已经尽其所能地赚钱养家，甚至老婆要求的倒垃圾和拖地等家务，他也都照做，但老婆的不满意让他无所适从。然而老婆的孤单感受却是深刻的，在这个家中，她和老公仿佛是工作伙伴，彼此各有执掌，但没有交集。老公的周围好像画出一道鸿沟，叫她不要接近，要彼此尊重，那种孤单的感受比单身还难过。

我心想，又是一对"分工不合作"的夫妻，他们已经是这个月我在咨询室遇到的第 N 对这种类型的夫妻了。或许是现代双薪夫妻生活使然，每个人的压力都很大。在职场和家庭中，对上对下扮演的角色多元化，每一个角色都不容易。很多夫妻会选择最避免争执冲突的方法生活，如外出就餐选择哪家餐厅都听我的，投资理财和储蓄都听你的；我赚钱，你顾家；我管儿子，你管女儿……似乎这样最省时省力，避免意见不同时，还得协调沟通。但是时间久了，冲突少了，亲密度也降低了。

多半来说，老公比较容易采取这种"分工不合作"的模式（也有例外）。无辜的他以为，这是避免争执最安全的方法。殊不知这种方法却让缺乏安全感的老婆渐渐累积焦虑，宁愿吵架争执，至少有沟通也比没话说要好。

那怎样才叫做"分工合作"呢？答案是彼此之间得有交集，会沟通意见不同之处，而且双方都愿意花些时间配合调整，找出可以接受的提案，而非一味委屈退让或压抑。

好比说一对夫妻，老公喜欢吃咸而美味的快炒料理，老婆喜欢吃淡而无油的水煮氽烫。他们若是分工不合作，可能是老公在家退让，然后自己在外面吃饭时大鱼大肉，满足味蕾；副作用是要瞒着老婆，而且有时会不太愿意回家吃饭，由此很可能导致更大的误会。

至于分工合作的方案，可以找一天两人一起进厨房，共同做出两人都喜欢的好吃无油或减油料理。这个方式或许需要更多妥协调整，甚至冒着过程中出现小小不愉快的风险。不过看似麻烦的沟通过程，却正是夫妻间感情保鲜、彼此连接的证据。

"……将咱两个，一起打破，再将你我，用水调和，重新混泥，重新再做，再捏一个你，再塑一个我，从今以后，我可以说，我泥中有你，你泥中有我。"

这首老歌的旋律响起，让我深感，在这样一个追求效率的年代，唯独夫妻相处这件事，效率不是最优先考虑的因素。

"被在乎"的**大数据**

"不知道老婆哪来那么多话？大事小事都要对我说，还期待我都要记得，女人真是麻烦啊！都不让我休息一下……"阿宏边抱怨边用眼角瞥向老婆梅芳，看她有没有生气。当然，也是因为在咨询室里，他的胆子比较大，料想有外人在，梅芳应该不会出现爆炸式的反应。

"咨询师，你看看他，口口声声说我麻烦，明明是他不想用心！他是做客户服务的，整天处理客户的情绪，他怎么会不懂呢？他就是不想用心！"梅芳没好气地说。

阿宏和梅芳是夫妻，老公基本上不太想来咨询，觉得夫妻之间根本没问题，是老婆太爱钻牛角尖；梅芳则觉得老公对她越来越冷淡，不关心也不在乎她，让她在婚姻中感觉很孤单。过去的甜蜜与亲密感越削越薄，再不解决，她几乎撑不住这段婚姻了。

在咨询过程中，梅芳细数两人的吵架原因，为的是通过巨细无遗地描述一个个例子，让老公明白她是多么失望和伤心。但显然事与愿违，阿宏听到梅芳在外人面前一一数落那些已经快要遗忘的陈年小事，非常不舒服和不耐烦。他觉得在老婆心目中的自己竟然如此让人不满意，那些他为家里的付出都不算了吗？想到就火大！他几度表示想离开咨询室，甚至抱怨老婆为何不能独立一点，为何大事小事都要对他说，要听他意见？有时他即使绞尽脑汁给出了建议，却往往被反驳。他心想既然要问我，却又不听我的意见，这算什么？拿我开心？嫌我不够忙，拼命否定我？

我花了一些时间安抚老公的情绪，像高端翻译机般探索两人的原意和真实感受，直到他们都同意这才是他们真实的心声，并且惊讶地发现原来对方是这个意思。阿宏和梅芳的心情，其实很多夫妻都有。夫妻间的误会比想象中多太多了，但是若不是同时与两人见面，并实际参与两人的互动过程，根本没机会发现。

几经探询后，我发现梅芳要的根本不是阿宏的意见，阿宏那些"要是我的话，就会怎样怎样……"的话，梅芳一句也不想听。梅芳要的是阿宏的情绪理解和安抚，并非解决方案。就算是模棱两可，让人左右为难的二选一问题，比如"我穿红上衣还是粉上衣去吃喜酒好看？""你觉得我该不该答应这个新的工作项目，这样会不会太累？"梅芳也并不期待老公给出"要是我的话，就会怎样怎样……"的意见。

因为，梅芳之所以每天告诉老公大小事项，以及她相对应的感受，就是希望老公通过信息的累积来了解她。在一个恒常累积的理解基础上，当她遇到难以抉择的情况时，"老公"这个大数据资料库便可以发挥作用。她要的意见是"老公所理解的她会怎么做"，或者基于过去她曾发生的经验，陪她讨论。

这个讨论的过程，可以满足女人被重视、被理解、被记得，以及感到关系亲密的需求。女人是通过谈话思考的动物，这点男人很难理解。话题本身不重要，但感到被老公在意，才是谈话的真正意义。若说女人的独立是建立在被另一半在意的基础上，也不为过。

但对男人来说，则完全是另一番感受，就好像在不上学、不上班的日子里还会随时被抽考的感觉。不但常常答错被退件，还被要求要记忆、要消化，并提出站在对方立场的建议，这不是考试是什么？没有人想在工作之余，还这么辛苦地经营夫妻关系。

久而久之，一方面，老公会越来越想逃避听老婆说话，因为听多了，老婆的期待也多；另一方面，老婆会越来越没安全感，感受不到老公的在乎和亲近意愿。老公不愿聆听，也不喜欢接触，老婆焦虑被爱的感受渐渐消失，于是对于爱的证据的检验标准就会越提越高。然后，老公会觉得老婆的期待越来越难以满足，自己的付出与优点逐渐被遗忘，反倒一直收到被怀疑、被再次检验的信息，从而造成恶性循环。

理想中，女人都希望自己的另一半是可以依靠的，当自己处于矛盾、犹豫、忧郁或激动时，他可以提供一盏明灯或一个指引。但是现代社会显然已经和传统时代大不相同，女人既有知识又有能力，女人的见解未必比男人差。所以，当老婆询问老公时，多数的渴望是被爱，求一份被关爱的证明，一段有商有量的紧密关系，并非是遇事心里无解而向老公求救。

　　老公们，请成为老婆的大数据资料库吧！老婆的期望是若能有一个人比自己还了解自己，那一定是真爱。也请记得，她要的不是自动贩卖机，随意打发就可以。她要的是大数据分析的高端软件，内建的资料库全是为她一笔一笔输入的数据，文件名是"在乎"。

老公**怕老婆**，老婆**受折磨**

一个难得的周末，曜辉和芯仪上午难得地逛了菜市场，还特意买了芯仪爱吃的熟食芹菜炒虾仁回家。芯仪中午临时回公司处理一些事情，晚上回来与全家人一起吃晚餐。但餐桌上，却没看到那盘芹菜炒虾仁？芯仪好奇地问曜辉，他的反应则像被饭噎到一样不说话。她越问，他越不开口。

这时，两个孩子在餐桌上扮了一个无辜笑脸，而曜辉也跟着向芯仪做了这样的表情。她有点不高兴了。她可以理解孩子们想缓和气氛的心意，但老公跟进的笑脸不对劲，谁来告诉她一个答案？作为母亲，东西就算吃进了孩子的肚子里，没留给自己，也是可以接受的结果，干吗3个人神秘兮兮地把她排挤在外？她急了起来，对于这场3人合演的秘密戏码表示抗议，但更气的是孩子们后来脱口而出大声说："我们中午吃掉了，怎样？"

后两个字真是刺耳，但最让她火大的是老公的害怕感染了孩子，让他们也觉得妈妈是为小事爱生气，是对家人犯了小错不肯接纳的人。事实上，一次也没有！芯仪一次也没有因为老公或孩子坦承犯什么错而发过大脾气，最多只是对老公念叨两句，却被曜辉抹黑成爱生气、不接纳的人，而且在孩子面前误导他们。她真的好生气，气的不是东西被吃掉了，而是老公就是不肯回应一个简单的问句，更气老公在孩子面前把她塑造成老巫婆。

这种情况重复很多次了，让她好痛苦。但她每次和曜辉说，他都觉得她在指责批评他。面对指责批评，曜辉的处理方式要么低头认错，但无奈地说改不了；要么恼羞成怒，大声吵架，找别的事情攻击她。这对夫妻二人来说，始终是个困扰。副作用是老婆都不敢向老公诉说情绪了，因为老公听什么都觉得是在指责他或嫌弃他，感觉无法让老婆开心。最终原本只是要寻求安抚的人，变成了老巫婆。

其实，这段关系中明显有 3 个主角，合演出这场痛苦万分且每次重复轮回的夫妻吵架剧目，孩子们只是加强角色的呈现。角色说明如下。

王子：

他是女性心目中对理想老公的渴望，是一位可以帮助她脱离现实痛苦、挣脱情绪枷锁的拯救者。所以他至少得对她发出的声音、疑惑或索取的安慰做出反应，最好能成功安抚她受伤的情绪。

公主：

她是男性心目中伴侣的理想典型，是被拯救者，能凸显王子价值感的存在。婚前，王子可以表现出如何英勇地拯救公主，可一旦走入婚姻，若公主让王子感到挫败，老婆在老公心目中的形象就会一下子从公主变成巫婆。

巫婆：

让王子感到挫败或害怕的角色。无关老婆是美还是丑，说话大声还是小声。其实，重点在于只要让老公感到挫败了，在许多老公心里，便会出现一张巫婆脸，直觉地想逃走。

以上角色如果套用在刚才夫妻吵架剧目中：老公一个疏忽，中午就把菜吃掉了，害怕老婆生气，责怪自己没留给她。被责怪会让他成为没有达成老婆期待的人，受挫的王子角色很讨人厌，于是自动把老婆的形象转化为老巫婆。

而站在老婆的立场，回家发现一起买的菜不见了，疑惑和失望确实存在，但情绪尚未达到生气的程度。吃掉或丢掉了都在可以接受的范围，只是老公的"坚持不回应"，才把她的情绪逼到顶点，而且不允许她表达。因为一表达，就坐实了原本被冤枉的巫婆形象——原来真的爱生气。一个不回应的老公，当然完全无法拯救公主。

其实，3个角色在夫妻关系中都不应当真实存在。老巫婆本来是想象出来的角色，只存在于男人受挫的心灵里；公主期待拯救者的盼望，则会让婚姻中的另一半很疲惫；过于保护自己受挫心情的王子，则会失去同理心。

童话毕竟是童话，现实生活中存在的，恐怕只是脆弱的王子和难以解决的公主。而老公怕老婆和老婆受折磨，都是有原因的，触及深层情绪，几乎也都和依附需求有关。老公怕被否定，老婆怕不被回应，于是交织出了无数互相怨怼的夫妻。

可以谈**性**吗

身为心理咨询师，常有人问我："通过性生活的好坏，是否能预测离婚概率？"古今中外的相关研究由于很难控制变量，所以我比较喜欢回答："不一定！"但是当面对性生活不协调（也就是两人需求满足程度并不一致）时，两人该如何面对与共同处理呢？这个答案却往往可以看出他们婚姻的质量。

大多数老公不想做爱，对老婆说的理由可能是因为吵架不想做、因为太累不想做、一直说下周做却一周复一周等；但实际的原因可能是体力衰退却不想承认、表现不好但不想面对或喜欢的形式不好意思开口。

大多数老婆不想做爱，对老公说的理由可能是要照顾孩子、身体太累、家务没做完等；但实际的原因可能是因为老公口臭、嫌自己胖或老了，以及老公做爱的方式不喜欢，却不好意思提出来，怕对方以为自己欲求不满或过于挑剔。

起初两人不坦承，以为可以保护自己的尊严与自信。但是这些经不起检验或矛盾的理由，反而会造成双方更大的误会，导致心中闷闷的不愉快。

以老公嫌老婆口臭为例，虽然是实情，但不好意思说出口，结果老公因此总是在做爱时倒胃口，所以就对老婆说心烦时不想亲热。但是老婆终究会发现，老公在心情好的时候也不想亲热，于是开始担心，甚至怀疑。一再追问之下，老公又说是因为太累了。但是老婆终有一天会发现老公有力气，却去跟朋友聚会或熬夜看球赛了。此时的老婆已经从担心变为焦虑，时时检验老公是否真爱她？这样的老婆当然让人心烦，于是老公又会说你太烦了，所以我不想做。

反复欺哄，会让一个女人变得歇斯底里；太多矛盾，会摧毁老婆对伴侣的依靠信任。最后，这两个人可能变得时常吵架，关系无法修复，筋疲力尽，甚至认为两人不适合。然而根本没有人想到，起初只是因为口臭。

其实委婉地坦诚，可以避免很多误会，有问题可以一起想办法解决或寻找替代方案。特别在夫妻之间，因为不坦诚而编出的种种借口，以为是维护了关系或自尊，却对婚姻的杀伤力特别大，非常划不来。

什么，你们**分房睡**

夫妻分房是好是坏，各有拥护者。先不探讨其利与弊，探究其主要原因：大多数是因为需要照顾小孩；其次是夫妻双方工作时间不同（如一方夜班，另一方早班）；而打鼾、说梦话或磨牙等生理方面的原因紧随其后。其他出现概率较少的原因包括：两人睡眠时间不同或两人体感温度不同（一个怕热要吹空调，另一个怕冷不喜欢吹空调）等。

不管是什么原因，夫妻俩讨论时，建议不要急着做出分房睡的决定。其实多数原因都有解决的方法，只不过需要适应与磨合。以妈妈为了照顾小孩而分房来说，如果是喂哺母乳，的确在孩子出生后的半年内需要频繁喂奶的情况下，妈妈和宝宝一起睡比较好。这时若讨论要分房睡，就订个期限，如6个月后宝宝喝奶次数减少时，就可以让宝宝独自睡。担心宝宝的安全，可以在宝宝的房间里安装监控器。当宝宝发出哭声或有需要时，夫妻会在自己的房里听到，可以立刻过去照顾孩子，兼顾夫妻同房和孩子的需要。

至于因为工作时间不同，怕影响对方睡眠的问题，则可以协调分房睡的时间。也就是说，不要无限期地分房睡，可以在平常上班的日子分房，但到周五至周日，以及其他假日时就一起睡，依然能够维持同房亲密的感觉。

如果是因为打鼾、说梦话或磨牙等问题，另一半可以先试着适应。因为根据许多医生的临床经验，当你习惯另一半发出的噪音后，听着打鼾声更容易入睡，听不到鼾声反而睡不着。若还是无法适应，也可买大尺寸的床，双方各据一边睡，比较不会干扰到对方。如果鼾声实在太大，也可以积极寻求治疗。治好之后，就不存在分房睡的问题了。

无论是什么原因造成需要分房睡，夫妻双方都必须坦诚表达自己的想法，充分考虑两人的需求，以及针对问题该如何协调后，才能做出最后的决定。毕竟本来就是两个来自不同背景且个性不同的个体，结婚后需要经历长时间的磨合，还要有一起克服困难的心态，才能亲密地共同生活。**如果分房的需求只是因为怕麻烦，想快速解决问题，觉得分房睡是比较简单易行的方法的话，我并不鼓励。这种便宜行事，有可能会影响夫妻之间的感情。**

当双方已经充分讨论、沟通过分房的原因，也做出了分房睡的决定，建议仍要有一些方案来补偿夫妻间的亲密接触。尤其，一起睡觉，不仅仅只是躺在床上一起睡眠的时间。因为房间是一个私密的二人世界，家里有小孩或长辈时，房间更是重要的私密空间。入睡前，可能是一天中两人最亲密的时刻。这时可以聊聊天、放松地沟通、向对方撒撒娇，甚至互相拥抱、亲吻、做爱，肢体的接触尤其重要。

根据有关研究显示，肢体接触可以让人体分泌催产素，而催产素有助于释放压力、稳定关系及让情绪愉悦，甚至还与性高潮的出现有关。据德国波恩大学的一项研究发现，催产素可促进已婚男性保持忠贞，让他们与异性诱惑对象保持距离。

所以分房睡之后，若没有找其他时间补偿失去的亲密时刻，时间一久，夫妻间的亲密感就会渐渐淡了。当亲密感逐渐消失，取而代之的就是生疏感。夫妻双方只剩下爸爸妈妈的角色，而没有夫与妻的角色，渐渐不再互诉自己的心情，最严重的情况是不想再和对方说话，放弃彼此的连接。

每对夫妻都有自己维持情感温度和亲密关系的方式，以下两个故事中的夫妻虽然都选择分房睡，却仍然保持着良好的情感互动。

例一，维持夫与妻的角色

颐亭和保弘这对夫妻分房的原因是他们有个一岁的宝宝。颐亭觉得需要好好照顾宝宝，因而提出分房要求。虽然分房睡，但他们夫妻约定好每隔一周，要有一天完整的约会。刚好保弘的哥哥也有一个同样大的孩子，于是两对夫妻每周轮流互相帮忙带两个孩子，这样两对夫妻都会有完整的二人共处周末。

这个属于二人世界的周末，双方约定尽可能不要被朋友邀约或公事打扰，而且这一天不可以用"爸爸、妈妈"称呼对方，而要叫"老公、老婆"或各自的小名。他们有时会安排浪漫的约会，如看场电影、吃顿大餐或一起到郊外走走；有时没有活动，就窝在家中看看电视、泡泡茶、聊聊天、亲密地肢体接触，如果要做爱，也可以放松地进行。当夫妻保持着亲密举动，拥有私密时间，可以互诉心情，即便平时没有同房，亲密的感觉依然可以长久维持。

如果觉得隔周约会一次，时间隔得太久，平时也可以增加每天的十几分钟的亲密时光。比如，下班后15分钟的沙发时间，两人坐在一起谈个天，聊聊今天各自的心情；也可以在睡前来个亲密10分钟，互相说些体贴的话、撒撒娇，让对方感觉到爱意，互相拥抱、亲吻，保持甜蜜的感觉。

例二，真心坦承、耐挫力高

政杰的工作需要轮值晚班，老婆玫芬则属于浅睡易惊醒的体质。为了更好的睡眠质量，两人协议分房睡，让彼此睡个好觉。这对夫妻分房的时间很久了，但两人感情稳定，而且互相很坦诚，有问题一定明白地告诉对方，不会隐瞒。

政杰有轻微的勃起障碍问题，但并没有对老婆隐瞒，而是如实告知。两个人一起找信息，研究这个问题，而且每隔一段时间，就会到对方的房间里尝试着做爱。有时会因为小孩的干扰而被迫中断，但老婆马上察觉，并用拥抱和爱抚让老公再度燃起做爱的兴致。轻松的一起喝完热可可后，当晚还可以有很好的亲密关系质量。如果像这对夫妻这般真心坦承、耐挫力高，即便分房睡，仍然可以维持良好的感情。

分房睡，性关系仍然很重要，不可忽视。要培养好的性关系，平时可以和另一半多拥抱、亲亲、抚摸，也可以找时间互相按摩。不但可以让身体放松，也能增加肢体接触的机会。性是夫妻间最直接的互动，有性生活的夫妻，亲密感较高，对婚姻的满意度也较高。

其实，听完这些案例就会理解，重点并不是分不分房，分房睡也不一定代表感情不好。因为**亲密关系需要长期培养与呵**

护，无论分房与否，夫妻双方都要花时间好好地与另一半培养感情。

所以，夫妻分房睡和夫妻不做爱都一样，只是权宜之计，请千万别当成是一种常态，重点在于双方因此有无怨言或不满足？夫妻有没有其他增进亲密感的替代方案？是否任何一个决定都是两人心甘情愿的选择？还是有真心话没说，分房只是暂时逃避真相的一种方式？

> 咨询师对你说

如何判断**分房睡**已经**影响了夫妻感情**

分房睡是否已经影响了夫妻感情,其实有一些征兆可以察觉,如果发现以下 3 种情况出现,就需要引起注意。

1. 不愿分享心情

今天的心情起落不想对另一半讲,也不想听另一半分享他的心情。

2. 夫妻间的亲密举动频率降低(频率的高低要与自己以往的频率相比)

每对夫妻的亲密举动并不相同,有的可能喜欢经常拥抱、有的喜欢抚摸对方身体的某个部位或喜欢说亲密的话语等。如果以往经常做的亲密举动逐渐减少,就要注意。

3. 做爱的频率降低(每对夫妻的频率不同,要和自己以往的频率相比)

不要小看做爱这个问题,经常撰写有关女性与大众文化文章的畅销书作者桑蒂·菲德翰(Saunti Feldhahn),在《性改变一切——性为什么可以开启男人的情感之锁》这篇文章里提到,她做过多次调查及全国性的抽样访谈,发现关于夫妻相处的一个重要事实:"男人认为他们得到的性不够多,甚至他们相信那些爱他们的女人似乎不了解这是一个危机,这不仅危害到男人,更威胁到两人的关系。"

PART 3

婚姻，有时**会生病**

当身体出现了病痛，
我们会看医生，并积极治疗。
那婚姻呢？走到这一步，
受伤的心灵和破碎的关系，
你想挽救，还是放弃？

"夫妻本应是一对能力相当的合作伙伴,彼此扶持、帮补。"

只是**好心**吗

"下雨天,我老公居然把雨伞借给女同事,自己淋雨回家!他可从来没有帮我送过雨伞啊!"

"我老公和女同事共撑一把小雨伞,走了好长一段路去搭车,这种情况不能算没事吧?结果我说觉得心里不舒服,老公竟然说你怎么心胸这么狭窄、小气、爱计较?"

"上次我老公多年交好的女性朋友来台北玩,我老公居然准备了洗好、削好的水果,带去给她吃。"

"我生理痛时,老公不闻不问,却去关心感冒的女同事有没有吃药?我问他,他还说那是他的下属,本来就该关心人家啊!"

以上抱怨，老公和老婆的角色也可能互换，不知道大家的标准会偏向哪边？你会直觉地回答，以上情境当然不可以；还是说，这有什么关系？

其实，以上情况完全无法让任何人来评理，因为到最后总会有人不服气。就算争出个谁是谁非，对婚姻也没有帮助。所以，这不是是非对错、合理与否的问题。

问题的症结在于：在某种情境下，老婆的感受是不被在乎、不被疼爱、不被重视，于是老婆会向老公抗议；而看到老婆怒气冲冲、兴师问罪的表情，老公的感受则是不被信任、不被肯定、不被支持。老公觉得自己只是好心啊，所以面对老婆的抗议，老公的反应可能是嗤之以鼻、不断解释或反过来攻击老婆没爱心、没良心、没善心或没同理心。

这下更糟了，原本已经觉得不被在乎、不被疼爱的老婆，不仅抗议无效，还反被责骂，心里想的是你不顾我的感受，却为了这个不相干的女人凶我，我的伤更深、怀疑更重，于是更加追根究底，绝不善罢甘休。老公遇到这类情况，则觉得怎么解释也没有用，老婆真是不可理喻，干脆不理你了！

就这样，面对抗议无效、凶我、骂我，最后还不理我的老公，老婆的伤心与愤怒直接破表，更加相信老公与那位异性友人真的不寻常——因为老公竟然会为了她，这样对我！一场吵架即将再度展开，甚至吵到连离婚都说出口，局面难以收拾，双方都伤心痛苦不已。这是许多夫妻来求助咨询的常见问题。

遇到老婆这类抗议，通常给老公们的建议是先别说道理，也别说"对方才不会多想"之类无法证明的事情；而先要以同理心，理解老婆的心情，接纳老婆的感受，认识到自己的某些行为一定触碰到老婆不安全的底线了。**理解老婆的心情是关系中很重要的一环，不管你认同与否，心情是主观的。这一刻情绪是真的，道理是假的。**

接着需要表达自己的心情。比如，我被你冤枉也有些不开心，我更希望能得到你的信任和理解。

最后才是寻找共识和解决方法。例如，若是下一次再遇到类似的情境，你觉得我该怎么做，才能既不让你担心，又不失去我的立场？

其实，与吃醋有关的事，重点在于你在不在乎对方的感受？

如果你的伴侣会很痛苦、不舒服，你还会这样做吗？在"证明自己是对的"和"另一半会痛苦，而且会破坏我们的关系"的天平上做选择，聪明的你一定知道，不是有没有暧昧事实或是非对错的问题吧！

若你是那位抗议另一半行为暧昧的人，也请记得，引发吵架的有可能是你的伴侣觉得不被你信任和支持了解，并不是为了"外面的那个人"和你吵架，这样才不会鬼打墙般（一直在原地打转），让两人徒受内伤。

下次，当老公（老婆）说他（她）只是好心时，给他（她）看这篇文章吧！

到底要**安慰多久**才够

"就算是我错了,我也认错了,你还一直讲,有完没完啊!得理不饶人!"连升既生气又害怕地说。

"你嘴上说对不起,其实根本不懂我伤心的是什么,连听都不想听,只是一直叫我闭嘴!"萱怡既生气又伤心地说。

以上是夫妻间经常出现的对话,但却能从家里吵到咨询室。两人在情绪激动之下,话题绕来绕去,却一直在原地打转。情况好一点的,可能气得面红耳赤、血压升高;激烈一点的,气到口出离婚或拳打脚踢都有可能。

其实,以上争吵的起因很可能是这样的。那天他们没开车出门，连升锁定了目标，一往无前地去赶公交车。他一时没想到穿着高跟鞋的老婆可能跟不上，远远地落在了 20 米之后。在车水马龙之中，萱怡的大叫声他都听不到。

经历了以上场景之后，萱怡觉得老公不顾她、不体贴她、遇事不为她着想、心中没有她，这样的抗议对她是很深层的，没那么容易消化。连升解释说，他只是想先去看看公交车还有多久到站，待会就会回头看她了。但这个解释似乎不太有效，因此他觉得老婆因为一点小事就钻牛角尖，根本是无理取闹。

还有一次，萱怡看老公早餐吃得少，匆匆忙忙就开车上班，坐在副驾驶座上的她，好意问老公要不要帮他剥个茶叶蛋？正在等待老公回答时，连升却突然某根筋不对了。他想到自从结婚后，自己连决定早餐要吃什么的自由都没有。因为怕老婆不开心，所以老婆问要不要吃什么时，他一律都回答要。工作已经很没自由，回家还要处处受限，一阵火气涌上来，便骂了出口。

萱怡顿时傻眼失措，提高音量抗议：为什么好意询问会得到恶意拒绝？不想吃就好好说，又不会逼你，为什么把我的好意扭曲成强迫？这场争吵最后一发不可收拾。因为老婆觉得对关系的善意被曲解；而老公则是压抑许久之后火山爆发，很难轻易平复。

这些场景都会让老婆觉得既生气又伤心——最亲近的人为何这样不顾她或伤害她；而老公觉得既生气又恐惧——最亲近的人很容易生气，好像动辄得咎，一直抱怨、一直诉说的背后，仿佛是不允许他犯一点小错，生活中充满妥协，缺少自由。

其实，夫妻相处的过程中难免会有疏忽失误或有意无意地犯错，大错小错不重要，男女认定标准不相同，但老公往往困惑的是，到底要安慰多久啊？老婆有时可能是一次讲很久、重复讲很多遍或归纳整理翻旧账，道歉还不行吗？不要这样追打不休不行吗！

而老婆在受伤后（虽然老公认为根本是皮肉小伤，老婆却大声嚷嚷），需要老公的安慰，但对方展现出不理解、不耐烦、不想再说时，老婆的伤口就像被撒了盐一样剧痛。越是需要安慰，却越得到相反的反应，所以老婆才会不断尝试，希望老公听懂她有多痛为止。

其实要安慰多久才够？并没有一个标准答案，因老婆不同而情况各异。严重的，甚至连问这个问题本身都会惹怒她。也有可能双方沟通了半小时，老婆都不觉得老公有半句安慰，只是在敷衍、辩解或发怒，不承认她受了伤，当然也无法安慰。

《纽约时报》最受欢迎的专栏作家帕克柏，汇总了全球顶尖科学家有关两性关系的近百项研究，运用数学模型计算出，稳固的婚姻每天至少需要5∶1的正负面互动。也就是说，"**夫妻不是不可以吵架，而是愉快的感受要比不愉快的情境多，这样关系就可以自行修复。**"

老婆们显然也会同意这一类研究结果，认为老公单单只说声抱歉是不够的，因为他犯的每一个错误，都需要5次以上温柔的话语或亲昵的行为，才能重新修复一时失衡的婚姻关系。每一次老婆受伤了、失落了、失宠了、被忽略了，都需要老公通过一再保证补偿，以及好言暖语的行为表现，才能慢慢恢复受创的心灵。

只是，老公们能拉下脸来提供一个就不错了。因为此时面子问题会出来干扰他的行为，如果老公已经勉为其难地哄了哄你，你还不知趣地继续要求至少还要4个补偿，后果可想而知，免不了一场大吵。

老婆难以接受安慰,是让老公最头疼的。对情感要求的标准太高,会让老公总是无法达到老婆期待,越感挫败越逃避,最终躲得远远的;而老婆呢,受伤了,却一直得不到足够的安抚,甚至看着老公越躲越远,也就愈发觉得自怜焦虑。

或许是女人对关系在意的天性使然,又或者是女人对男人有不切实际的期待,这类老婆总喜欢上演努力维系婚姻,却适得其反的苦情戏,还自以为楚楚可怜的形象会再次获得老公的垂怜。很不幸,剧情从不这样走,况且这出戏已经过时。

这样吵架太伤身伤神,所以老公们请千万记得,挨骂受批当然谁也无法长久忍受,但老婆只是受伤了需要安慰,她不是在骂你,其实她就像看起来强势的弱小伤兵在哀嚎。

老婆们也请记得,如果你是受伤后很难被安慰的人,请勿将安慰的重责全部交给老公。他就算需要负一半的责任,但另一半请你为自己的情绪负责。毕竟同样的场景不是每个老婆都会生气,好好负起这一半的责任,才不会压垮另一个同样容易受伤的人。

夫妻本应是一对能力相当的合作伙伴，谁都无法将自己的责任赖在对方身上。不能将自己的快乐构筑在对方的努力上，只能彼此扶持，互相帮补。

一旦有此认知，关系的正向行为自然会渐渐多起来，因为两人都可以主动创造；而负向互动自然也就容易弥补，因为即便是关系受伤，也仅仅是皮肉之伤，身体挺得住，没问题。

孕不孕，有关系

"不孕"始终是个热门的新闻话题。其实，不孕的问题在很多夫妻间都存在，只是并不像发生在公众人物身上时受人关注。多数人看到这类新闻时，议论的焦点多放在"不孕本身是否能构成离婚要件"或"谁对谁错，谁对不起谁"。但是站在婚姻咨询的角度来看不孕议题，就有完全不同的角度。

一方面，若因为不孕问题发酵而导致离婚，不孕的那一方（假设是女方）会觉得自己终究不被接纳，并且老公终究没有站在我这一边。

假设原本就是难以受孕的体质，两人抱着"经过调整，造人终能成功"的信念结合。看似正向的美事一桩，但若最后结果不如预期，感情将会大受考验。因为谁都想被无条件接纳，婚姻发展到这个阶段，两人若是能够调整想法，放弃生育，可能会有一番新的信任。但若是其中一人想法不能转变，总觉得遗憾失望，那婚姻就可能不保，而且分手时还会带来极大的伤痛。这会让不孕的一方觉得原来之前的感动与美好竟然都是泡影，一旦没有努力"改变成功"，终究还是会被嫌弃或遗弃。

这样的情形，和老公有创业梦但时运不济、小孩出生后才发现有些特殊情况，以及老婆说生育后会当全职妈妈，结果却阴错阳差成为钻石级业务之类的剧本有几分类似——都是后来的现实与最初设想不一样，虽非故意，但实在令人失望。此时双方是改变想法，还是无法接受人生的变局，隐隐怪罪对方，就成为维系婚姻与否的关键。

另一方面，不孕还牵涉到老公是否顶得住来自其他家庭成员的压力的问题。有一部分男性认为不能放弃传宗接代，无法孕育下一代意味着不孝。其实家家都有本难念的经，这也无须苛责。只是一开始找对象时，便应自行筛选，不能把自己的期待建立在别人的改变上；更何况不孕治疗的主客观因素太多，并非当事人能一手掌握。

这就像要不要与公婆住，以及婆婆可不可以在晚餐前喂小孩零食等情形一样。若是夫妻二人已经商量并达成了共识：不与公婆一起住，并且孩子的饮食要节制。但事后老公又替婆婆说话，希望老婆退让。即便老公有千般为难，也会让老婆觉得他是顶不住压力就往后退，不重视她的意见，并且对于两人已经达成的共识轻易被推翻，感到非常失望；而另一方面，老公也可能觉得事情并不严重，只是老婆过于坚持，不能体谅他的难处。

综上所述，虽然每对夫妻的情况不尽相同，但很多夫妻争执或闹到分手的关键，其实都是"不被接纳"和"不被体谅"。若是无法一起努力，共同面对人生的无常，今天是不孕的问题，明天则可能是任何其他因素。

你呢，当婚姻关系中出现了问题，你会积极治疗，还是忍痛放弃？

"大树"与"小鸟"的结婚周年

"你可以允许他有时不当大树吗？"听到我这样问，她稍微呆住了一下。之后，脸上控诉、埋怨、气愤的表情渐渐减弱，眼神中透露出几许挣扎与复杂。

还记得那时他们结婚一周年了，婚姻生活充满了紧张刺激。一下子浓情蜜意，一下子又吵到大打出手，甚至致电家暴庇护中心，好友们都听腻了他们重复的彼此抱怨。小两口痛苦时生不如死，往往一夜不能入眠，严重影响身心、工作与生活。他们来做伴侣咨询，是听从一位朋友的建议，因此抱着姑且试一次的心情，百般无奈地坐在我面前。那天，刚好是他们的结婚周年纪念日。

这是一对金童玉女的组合,男方比女方大 5 岁,两人都有不错的工作。不过两人对于对方婚后的表现都很失望,大声向我控诉自己被骗了。一个抱怨她婚前像小鸟般温柔体贴,婚后却要求颇多;另一个却说他婚前像大树般对她百般照顾,婚后却冷漠忽视。"大树"与"小鸟",这是他们在对方眼中的形象,显然不是他们生活的全部,但两人都没发现,他们硬是执着地认为对方婚后变了。

结婚周年纪念日当天的吵架是从清早开始的。女方在床上睁开眼睛,便一直等着男方说些特殊节日里甜蜜的话,等得越久心情越不耐烦,渐渐说话开始没什么好气;男方见女方的情绪不佳,从不知所措到害怕生气,埋怨她为什么一大早起来就臭脸惹人厌。自然这个早上的气氛就算是毁了。我们的咨询历程从这样的起点开始,一共进行了 10 次。而在以后的日子里,我常常会想起他们。

结婚两周年纪念日时,他们又特意预约了我的咨询时间。专程付费,只是要告诉我他们目前过得不错。他们看起来神清气爽，彼此对看且眼神交流的次数也变多了。关于大树和小鸟，是他们首先想告诉我的话题。

"我还是喜欢他当大树，保护我、照顾我；但有时，我也可以视他为小草，换我保护他、照顾他，让他像孩子一样撒娇。"女生坚毅中带着温柔地说。

"我也是，还是喜欢小鸟依人的她；不过偶尔把她当老鹰也不错，可以让我安心松口气，躺卧在她的怀里。"男人收起坚强的武装，轻轻松松地说着。

现在的他，不用为她的情绪负责，动辄就要跳进去填补那补也补不完的情绪黑洞；现在的她，也不用为他的自尊负责，随时要小心别触怒他薄薄的大男人脸皮。他们彼此之间都有了更多弹性，更了解对方，也更了解自己。

我很开心见到他们的转变。原来除了婚姻咨询的帮助之外，这一年他们通过参与信仰与小组的团体生活，更全面地了解自己。不再只是从亲密伴侣的眼中，认识片面的自己而患得患失，两人想得到安慰或价值感，都有了其他渠道。

在向我咨询的这么多夫妻当中，婚姻幸福或不幸福的关键，

好像与两人的条件无关，倒是和彼此的依赖是否能达成动态平衡有关。 或许一开始，夫妻两人是大树与小鸟的组合：一方见多识广，令人崇拜；另一方单纯善良，需要扶持。偶像剧中也有很多这样的组合，两人一拍即合，天雷勾动地火。直到婚后才是挑战的开始，因为没有人能够永远扮演大树的角色啊！扮大树得撑着，要坚强、要茁壮、要顶天立地、遮风避雨，时间一久会累的，也有想当小草的时候。

而且在现实的婚姻生活中，毕竟很少存在不用工作、没有现实压力、脾气好又有耐心的白马王子。他有心要当大树，当然好，仰望他，为他鼓掌。但你也需要在柔弱的外表下，有颗坚强的心，知道他也有软弱、好面子、不擅长沟通或孩子气的时候。偶尔角色互换时，可以给他一些时间与空间，为他在风雨中撑开一把伞花。

那天，与他们微笑道别后，我心中感慨万千。目前正在陪伴的几对伴侣，还有人走不出大树与小鸟般对角色的期待与执着，甚至宁愿为了单一的角色，解除目前的关系。但愿他们也能够允许小草与老鹰的偶尔出现，让对方可以松一口气。

可以**同甘**，却不能**共苦**

阿杰每个月都把薪水交给老婆，由老婆分配与理财。每天晚上，他负责买晚餐回家一起吃，再实报实销，由老婆事后给他钱。两人原本相安无事，但是这一天，阿杰却发火了！

事情是这样的，阿杰这天下班后，因为心里惦记着老婆说天气热了想吃些清爽的，他特意绕路去买了网友推荐的海南鸡饭（不仅路远，价格也比平时的外卖贵了一些）。结果买回来一吃，两人发现真是名过其实了，老婆更是嫌弃地只吃了一半就想倒掉。老婆问过价钱后，并没有像平常一样拿钱给老公，似乎表示"这东西太难吃了，我不想付钱"。这让阿杰发火了，谁想要没有面子地向你要钱？这样的理财方式是尊重你、信任你，你竟然因为不好吃就不给我钱！每天换着花样买外卖，总有失误的时候，为什么不能够一起承担风险？你说我们的财产是一体的，但是为什么在我偶尔失误时，却与我分割？

同甘不共苦，算什么夫妻？

同甘不共苦，其实是人性使然，也是我在做夫妻咨询过程中，经常发现的问题症结。但在关系中，其实能共苦比同甘更为重要。

恋爱时，男女双方绝对是同甘，一起享受爱情的甜蜜与激情的放肆。

婚姻中，开始有甘有苦，能够认清事实的人才能渡过难关，一起勇敢携手，迈向更长久的婚姻与未来。不甘愿接受婚姻中有"苦"的人，便开始抱怨对方变了、婚姻酸了、失望了、后悔了，觉得两人还不如单身好。

更有甚者，**当苦比甘多的时候，婚姻便面临挑战**。有些人会为了逃避苦、寻求乐，再加上机缘巧合，便发展出婚外情。这类婚外情包括：嫖妓、网恋及与同事暧昧等形式，但无疑都会让原本的苦雪上加霜；或许能侥幸短暂地获得平衡，但东窗事发后总会出现更大的苦楚，更深且长。

外遇事件发生后，仍选择维持婚姻关系的夫妻，总会遇到非常类似的挑战：外遇的一方认为，事情已经发生了，我也道歉了，就不要老是旧事重提，徒增压力，我们应该往前看；发现对方外遇的一方则伤心欲绝，努力说服自己应该宽恕，但仍有许多疑问待解，而且需要一再确认证明对方已经不一样了，重复保证或验证未来不会再发生这样可怕的事。

原谅是一回事，伤口愈合又是另一回事。人可以选择立即原谅，但伤口愈合的速度却往往不如预期。 此时，回归轨道的一方会觉得对方得理不饶人，被怨、被怀疑，永无止境；而有伤口的一方却无奈地陷入重复验证、重复发现无法保证的循环，痛苦不已。**当外遇者说"不要提了，我们向前看"时，对另一方来说则是"把痛苦自己吞下去"的意思，心里过不去，情绪上也过不去。**

于是在双方明明已经决定要复合之后，又面临另一个更大的挑战：被亲爱的人伤害，造成了痛苦，但现在这份痛苦却要我一个人承受。你挥挥手说已经改过、重新再来，我就得独自消化这被背叛的痛苦。而你，选择与外遇对象同甘，享受过一时的快乐，回头后却并没与我共苦，一起疗愈伤口。

当然，并不是外遇者感到痛苦就能解救婚姻，而是当时选择一时趋乐避苦，暂离婚姻的束缚，已经是抛下另一方的自私行为。当你选择回头时，就必须做好共同弥补关系、修复伤口的心理建设。

每对出现外遇情况的夫妻，原因各不同，但经历此事件后，能够又走回幸福的夫妻却有一些共同点：那就是外遇者愿意同甘共苦，一起面对这种压力处境，不怕面对过去的不堪，当时未能同甘，至少现在要能共苦；而另一方能够得理饶人，告诉外遇的一方事后应该如何补偿、如何陪伴、如何协助自己共同疗愈这颗受伤的心，尽力着眼于现在，除了遗憾过去的痛苦之外，也要创造日后的甘甜。光是压抑负面情绪或逃避压力情境，是无法解决婚姻问题的。

我们之间出现了**第三者**

《外遇》

比较晚上车的人

坐进比较里面的位子

——18 岁诗人段戎《粉色瓶里的黑墨水》诗集

是真的,面对伴侣的外遇,再怎么镇定也难以下咽。一瞬间,愤怒、伤心、失落全都奔涌出来;所有的"为什么"也会一股脑儿地跑出来,与各种狠话、自怜、报复、争夺等想法,同时在脑中此起彼伏,大声争执。

从没有人教过我们此时该怎么办,因为我们祈祷并期待这种事一辈子都不要发生。外遇和生死议题一样，很少有人会在关系还好的时候做好准备。于是，外遇一旦发生，往往会让人一下子失去理智，而因此造成的后果会对自己更不利。真的，好可惜。

从夫妻咨询的经验而言，我发现有许多人第一时间因为失措，忘记了思考以下这些"发现外遇时，绝对该做的事和绝对不要做的事"（下面以男方外遇为例进行叙述）。

找老公谈，不要找小三

因为这是你们夫妻之间的问题，是老公背叛了你（或者说他在放纵情欲或情感时，忽略了你的感受），他应该承担破坏关系的责任，当然该"两个人"好好说清楚。若是不敢与伴侣谈或不忍责骂伴侣，反而去骂小三，则是不明智的决定。这代表你们夫妻之间的沟通可能很早就出现了问题或失去了平衡。

而且小三早就知道对方是有婚约的人，还尽情投入这段感情，用道德劝说这一招，成功概率并不高。

直接找小三还要冒一个风险：老公知道之后，他会站在哪一边？是楚楚可怜，被骂、被欺负的小三，还是因情绪失控而破口大骂的你？贸然行动只会让自己从被害人变成加害人。

别问外遇细节

很多人发现配偶有外遇问题，是通过翻看手机通信软件中的聊天记录开始的，所以通常的起点是难以入眼的可怕对话，或暧昧，或亲热，或关怀，或问候……就算只看了 1/10 秒，都会留下难以磨灭的深刻印象。

此时劝你千万要按捺住好奇心，感觉不对就直接找伴侣谈，不用大张旗鼓地追查到底。除非你是想打离婚官司，需要搜集通奸证据。若只是一时气愤，还想挽留关系，就别看了吧！

知道了细节又能怎样？只会觉得更痛，在未来修复关系之路上，亲手摆上重重障碍。除非你确定要离婚，否则劝你不要去看一些让你无法忘掉的事。这些话语和画面，都会在你未来的婚姻生活中啃食你的幸福；即便关系修复了，也会留下阴影。

例如，没有得到和小三相同程度的对待，就会心生比较；若得到了一样的待遇，亦会想起老公曾对别人也这么做过，这使得获得幸福的难度变得比之前更高。

你可能会说，这怎么会是受害者的责任？这一切都应当是出轨者的错！没错，是他的错，他应该受惩罚。但如果你继续追查，陪葬的东西太多，多到没有底线。

别随便找亲友帮忙

这种事，若是找自己的朋友诉苦，要慎重考虑朋友的成熟度。因为朋友必须承担你的心情压力，陪你抒发，但又不能冲口而出给你建议。毕竟任何建议都出自朋友自身的立场与个性角度，不是你的。

所以若按照朋友的建议做了，事后后悔，会埋怨朋友；若是不按他的建议，好像又不够意思，下次不敢再诉同样的苦，反倒疏远了一位朋友。另外，还得担心朋友保守秘密的能力。若朋友的嘴巴不牢或认识你的老公，因为帮你而数落他两句，由此引发的后遗症更是收拾不完。

同样，找父母和长辈评理也是个大赌注。若父母与你一同骂，此后两人感情复合，还得处理他们对你老公的印象；若长辈劝你要忍耐，你又会觉得长辈站在老公一边，不讲公平正义。

无论是哪一种，都会让你更痛苦，而且也等于将难题丢给亲友。所以，除非你有成熟可信的长辈或朋友，否则找一位不在你生活圈内的咨询师会安全得多。

按照你的个性和意愿，冷静地想清楚后果

如果你们之间的感情原本没太大问题，相互也还有需要，面对出轨事件更要冷静处理。有情绪是正常的，但是外遇的一方，永远无法全然治愈你的心情，这一点一定得认清。就像出门踩到香蕉皮滑了一跤，你无法让香蕉皮赔偿你一样。老公若还想维系婚姻，势必要付出一些代价，协助你一起恢复感情的伤口；但是他无法全然弥补你的心情，若以此为目标，将会很失望。这件事遇上了，除了外遇者的忏悔外，也需要自己的努力。

当然，有时在发现的当下，老公可能正在气头上，他未必会忏悔。有位朋友的处理方式很令我敬佩，她发现老公与一女子有暧昧后，立刻约老公出来谈。她既没有追问，也没有激动，而是冷静地说：相爱容易相处难，你拿与你每天生活在一起的我和她比较，对我不公平。不如你现在立刻就搬出去和她住，若是你和她相处过后，觉得她真的比我好，我成全你们；若是并不比我好，你就回家来。你若不想立刻搬出去，就和她断了联系，对大家都好。

结果，她老公选择与对方断绝往来。而她也真的没有再多加苛责或过不去，因为她认为人都有可能犯错，包括她自己。出轨的那条线要画在哪里？精神出轨算不算，欣赏一个人又算不算？她的原则是第一次给机会，第二次就走人，既不吵也不闹。能做到这样，很羡慕吧！这种绝妙的方法适用于有自主谋生能力、感情独立，而且相信自己的女人，这样的做法也需要具有"拿得起，放得下"的魅力。

如果你们原本感情就不好——如他要婚姻，你不想要了或者你要婚姻，他不想要了，情况就更复杂。解决方案仍需要视你的个性、经济现实及感情依赖程度而定。所以，这种事还真没有标准答案。

总之，假如你是外遇当事人，不小心看到这篇文章，那我要奉劝你：这世上能做到不吵不闹，还给机会的女性，你碰到的概率是 1‰；若伴侣稍微想不开、是完美主义者或自我形象低落，关系就更难修复。

在大部分案例里，一时的欢快纵意，换来的可能是一辈子或至少几年的彼此折磨与关系受损。外遇事件造成的伤害，比任何吵架冲突都难以复原几百倍。

这不仅是道德性的劝说，更是理智思量后得出的真理。冲动时，请衡量你得到的与即将失去的相比值不值得吧！

舍不得，就得了

雨薇的老公因为工作的缘故，远居另一座城市，日久与同事发展出婚外情。渐渐地，他回家次数少了。刚开始，雨薇以为纯粹是因为老公比较忙碌，所以体贴地并不要求。每次老公一回家，她还补品炖汤伺候。但毕竟夫妻多年，她渐渐发现老公回到家的神色不太对，有种说不出来的生疏与小心。

有一次老公洗澡时手机响，雨薇怕公司有急事，便好心地将手机直接拿到浴室给他。结果老公却吓得连衣服都没穿，就跑出来一把抢过手机，还生气地责怪老婆碰他的手机。

这么异常的举动再也瞒不住秘密，老婆崩溃，老公坦承，接着是一连串的压力痛苦与矛盾抉择。

后来，老公与小三几经挣扎、反复、矛盾与分分合合，终于也打破了他曾经许下的虚妄甜言。老公选择放弃外遇回归家庭，但小三无法接受，哭诉着走不出来——他若不爱我，为何在事情暴露后还是分合多次？一定是对我还有眷恋！难道我们之间发生的一切甜蜜都是假的？我终究不如另一个女人？于是小三一会儿死缠烂打，一会儿服药自杀，一会儿威胁公开……只要能挽回男人再看一眼，什么事都做得出，十分卑微。

雨薇这一边当然也不好过，牺牲付出，换来的结果却是心碎。原本的信任完全被打破，怎么才能确信老公已经不再和小三往来？这中间有那么多的谎言，而自己一直被蒙在鼓里，未来还能再相信吗？每一个打出的电话若未被及时接听，都是一次担心生气。

她心想：不在一起的时候，老公都在做什么呢？为何在事情爆发后，他们还是分合多次？一定是老公对她还有眷恋！难道我们婚姻的一切甜蜜都是假的？我终究不如另一个女人？于是雨薇一会儿歇斯底里，一会儿逼问追踪，一会儿威胁公开……

苦心想给男人深刻教训，希望能避免再度发生这种恐怖的事，想通过不断验证与要求，撑起自己对未来的一点点信任。

而男人呢？在外遇故事的最后阶段，总是几近把人逼疯。两个女人的歇斯底里，会将一个男人彻底毁掉。每天在家，只要清醒，便要面对雨薇逼问出轨细节。不讲，她抓狂；讲了，也会抓狂；在犹豫与疲惫之间，若是说法有小小的出入，老婆还是会抓狂。家仿佛变成不分昼夜的审问室。

面对犯错后无法被原谅的沮丧与无法吵架的理亏情境，男人知道要付出代价，但这代价却仿佛没有终点。补偿也没有用，出轨阴影的存在，将导致一辈子的窝囊；而且每次努力都无法再度获得老婆的信任，老公对此也深感绝望。明明自己已经割舍了另一段，还是无法还原原有的幸福婚姻生活。

这个故事中的3个主角都卡在这段感情里受苦。这是没有赢家的剧本，剧中还有一种更幽微的情绪叫做"舍不得"。舍不得是对于失落淡淡的惆怅，但我们往往演得太夸张了，就像歌唱比赛中评审老师常用的评语"情感丰沛，但控制不好"，反而无法生出美感，无法令人感动。我们身处红尘，无法无欲无求，但有欲、有求、有感受，也要有节制。没有任何理由是可以让人悲伤、忧郁、躺在谷底赖着不爬起。

在这个故事中，无论是小三、老婆还是老公，无论谁对谁错，都应当学习这门人生的功课。小三得认清事情的结局已定，无法回转；老公得接受他做了伤害关系的事，必须努力地付出代价；而老婆也得接受这段已经不完美的婚姻，继续往前走。

或许"舍得"是一种很高的境界，难以超脱；但是"舍不得"却是可以努力的目标，接纳已经发生的不完美与不如预期。既然舍不得，就得了！

饶恕，是双方的责任

对于以后不会出现在生活中的人，饶恕之道无他，就是修身养性，尽快遗忘。但如果对方是自己亲密的伴侣，恐怕就不是修养这么简单而已。

许多找我咨询的伴侣，夫妻之间往往不是不想饶恕，而是受害的一方觉得心里过不去，而犯错的一方想让事情赶快过去；一方想赶快遗忘，而另一方想回到事发原点厘清事实，于是两人在拔河的过程中反而越来越受伤，洞越补越大，痊愈遥遥无期。这种情况无论是外遇、是背叛、是自私、是说谎，还是忽视，只要是让对方感受到他无法全心依靠或信任伴侣的重大事件都适用。

问题就出在：饶恕，该是谁的责任？

往往犯错的一方承认错误之后，就想得到对方的无条件饶恕。因为承认本身就需要勇气，并且会受到责骂，这种压力情境很想赶快过去，甚至有时犯错的一方耐不住性子，还会不小心攻击对方为何得理不饶人。事情都已经发生了，除了大家往前看，还能有什么办法？有时犯错的一方被骂急了，还会恼羞成怒地攻击对方。于是让原本已经很难饶恕的一方更受伤，责骂、埋怨、懊恼、更受伤，周而复始地循环。

夫妻之间达到饶恕，并走上疗愈之路，这是双方的责任。并非一定要处罚犯错的一方，而是需要一起面对已经造成的伤痕，才能尽快恢复关系。否则越逃避只会越拖越久，两人都疲惫。

第一步，犯错的一方要耐着性子倾听伴侣的受伤感受，绝不能说："我都已经认错了，你有完没完啊！"

第二步，重述一次对方的感受。许多人在这时候说得最多的是"知道了"或认为不说话就代表反省，其实详细重述对方的感受，才表示你真的听到且了解了。这个过程实践得越彻底，越能减少将来重复被说的次数。不能抱着一时侥幸的逃避心态，就算不习惯、不舒服，也得硬着头皮做。这一切都是为了那个你已经伤害了的另一半。

第三步，承认是自己的行为造成了对方的痛苦。例如，"都是因为我的自私，让你承受了这么大的痛苦！""我知道，你心里会一直过不去，是我真的伤了你的心。""不是你不想遗忘，而是我做了这样的事，伤害了我们的感情。"

第四步，表达忏悔。忏悔的内涵在于用心用情，不是面无表情地说声"对不起"就算了。例如，"我真的不应该这样不顾你的感受！""看到你现在这么痛苦，我真的好后悔。""现在我知道，这样做真的很不对。"诸如此类。

第五步，才是双方一起寻找感情的补救之道。注意，是补救，而非处罚！处罚只会让两人更加怨怼，但合作弥补，却能创造另一个合作的契机。

比如，因为外遇事件而让老婆很难再信任老公，老公可以主动与老婆讨论阶段性的信任加强方案，可以是每天主动多打几次电话、每日行程汇报或增加两人独处聊天的时间等。这里的种种应对方案是主动还是被动，二者效果差异很大。若是两人讨论出来的结果，而非犯错的一方心不甘、情不愿地接受处罚，对于感情恢复会有更好的效果。

我们都被小时候读过的励志故事害了，谁说华盛顿只要承认是他砍了樱桃树，就不用受罚，而且日后还成为了伟人？

在真实的世界中，犯错的人除了认错之外，更要承担起努力弥补的责任。饶恕，不会是一方的责任。

PART 4

爱的**反复练习**

伴侣一直在你触手可及的地方，
但为什么这么努力了，
还是不能幸福？
亲爱的，因为我们要爱，
也要有爱的能力。

"爱他,不是给他你喜欢的,而是了解他在意的。"

"爱"与"爱的能力"是两回事

"我努力工作,让你在家当贵妇,还有什么好挑剔的?"

"我每天顶着高温,费心帮你煮晚餐,让你吃得健康。为什么你不能自爱点,别吃垃圾食物?"

"天气这么热,为什么我只是调了一下空调的温度,你也会生这么大的气?"

夫妻间吵架时的话语,若只听单方面的某一句,往往都觉得有道理,绝对是说的人委屈。但如果你知道上述话语的前提,可能就会做出不同的判断了。这些话与说出口的情境很可能是如下这样的。

情景一：同样优秀的夫妻二人，为了养育小孩，老婆辞职在家，照顾家庭。时间长了，老公越来越有优越感，甚至觉得只要给钱养家，那么老婆无权再要求别的。于是老公说出："我努力工作，让你在家当贵妇，还有什么好挑剔的？"

情景二：老公因为聚餐很开心，多吃了一块猪蹄，回家被老婆罚一周不准吃肉。嘴馋的他下班后买了一袋盐酥鸡，被老婆发现了，结果闹到要离婚。只因为老婆想不通："我每天顶着高温，费心帮你煮晚餐，让你吃得健康。为什么你不能自爱点，别吃垃圾食物？"

情景三：怀孕的她承受着妊娠不适，又担心感冒了不能服药。这天她对刚回家的老公说："我今天不太舒服，而且发冷，好担心是感冒啊！"

老公却心不在焉地回应着，边喊热边随手将空调的温度调低了5℃。她因为老公不在乎而生气，他却说："天气这么热，为什么我只是调了一下空调的温度，你也会生这么大的气？"

这些场景很熟悉对不对？再来看另一家人周末的早晨。

"老公，赶快起床了！"

"我想多睡一会儿，陪我一起躺着。"

"快起来了，都 8 点了还赖在床上！"

"连周末我想晚点起床也不行吗？到底知不知道我平常有多辛苦？"

"你干吗那么大声，难道我平常就不辛苦吗？"

周末的早晨，一对夫妻在床上争论着要不要起床。老婆急着想起床，为老公准备一顿丰盛的假日早餐。她在心中编织了许久的美梦——在不赶时间的情况下，夫妻两人共度悠闲的早餐时光。老公爱吃的食材都买齐了，只要他刷牙洗脸之后，早餐就能摆上桌，她想给他一个惊喜。老公想的却是好不容易不必赶时间，孩子还在睡觉，夫妻可以独处，正是赖在床上好好温存一番的时机。

于是，老婆一直说服老公起床，老公却一直想把老婆留在床上。对方越是不合作，自己越用力说服，最后发现自己的一番爱意怎样也得不到对方的配合。两人恼羞成怒之下，爆发争吵。原本，双方都只是想做一些为关系增温的事。

正向的意图冲突还容易化解，在关系紧张的状态下，两人

强烈坚持的心理需求若没有交集，反而容易导致不可收拾的局面。如果上述那对夫妻因为早上的误会吵起架来，是否让人觉得很不可思议？连出发点是爱的相处都会时常有冲突，更何况在只考虑自己利益的角色下沟通合作呢？

在关系中，能看清自己的意图，是第一步；能看懂对方的意图，是第二步；能够找到一个能让自己与对方意图都不被伤害，甚至双方意图得到大部分满足的妥协应变之道，是第三步。能够做到这三步，才能说具有爱的能力。

而且，你的老婆是人，不是一个标准化的机器人；你的老公也是人，不是一个标准化的机器人。别再把你自己喜欢的硬塞给对方，还强迫他感激；也别轻看了他在意的小事，勉强他不去在意。

爱他，不是给他你喜欢的，而是了解他在意的。

因为爱就像一份礼物，而送礼是一种艺术。送礼送得好，要送到人家心坎儿里，并非是把自己认为好的礼物送给对方；被爱则像收礼，对于别人给的礼物，要感恩，要珍惜，不能因为不是自己心中所想、所期待，就径自贬低送礼人的一番心意。

谁说爱只需顺其自然，只要彼此心中有爱，就能皆大欢喜？真正的爱，需要有爱的能力，值得一辈子努力学习。

跟老婆**搭讪**的话题

"你在家都不搭理我,平时不是说工作忙、压力大,就是处于'放空发呆,老婆勿扰'的状态。整个人虽然在家,但就像是套了一层防护罩,连不上线,动不得,也要求不来,久了真的让我很闷。"一天,贝蒂稍稍提了这个话题,小小地抱怨了一下。结果,她正在切菜呢,老公就突然问道:"你晒的衣服收了吗?"

"我等一下去收。"她回答。

"你说你要去修手机,你打算什么时候去?还有,妈的生日礼物买好了吗?"老公又问。

正在切菜的贝蒂有点烦了,说:"我还在切菜做饭,你为什么一直提醒我还有很多事没做？让人感觉压力有点大。"

如果这样的对话每天都发生，而且是夫妻间唯一的话题，不仅让老婆感觉压力大，还会让人火大。火大的理由是在忙碌的生活中，已经有太多事情要做，没有人喜欢一一被提醒还有哪些事没做；另外，老婆感觉被老公要求、期待或干涉，总会有些不舒服，觉得自己的节奏被打乱。

夫妻间很多事讲给外人听，好像都是小事，别人很难通过一小段对话理解全貌。原本要诉苦，搞不好还会被训一顿。像这类事情就要看夫妻关系如何，还要看有没有其他背景。

原来贝蒂和老公平时总是缺乏话题，她说话时，老公总不专心听，不是答非所问，就是叫她多讲几遍；而老公唯一主动讲的话题，就是像刚才那样，全都是问句，通常都是问她哪些事做了没有？虽然是关心或好意提醒她，但老婆听来却是句句压力。只要老公一开口，便有被检验的感受，而且这些询问一个接一个地提出，好像自己对老公而言，仅仅是工具般的存在。

当然，老公也大喊冤枉！明明是好意，老婆抱怨我不理她，我就刻意"理她"，问她问题或提醒她，结果还是不开心。老婆怎么这么难缠？

其实，老公真的只是缺乏跟老婆搭讪的话题。因为即使人在家中，他的大脑仍然在思考很多工作中的待办事项。所以换位思考的极限，便是替老婆想一想她的待办事项。

在我遇到的寻求咨询的夫妻中，能够跟婚前一样，对老婆说的话保持好奇且有热情的老公，实在不多。虽然老婆跟老公说话的口气也远远不如热恋中那样温柔甜蜜，但倾听对方说话的专注度，却远远高于老公。

因此就会经常产生不愉快。老婆怎样都要不到关注、连接与亲密；而老公则觉得怎样做老婆都不会满意，不说话不行，开口说话又容易惹她不开心。

身为老婆，如果你的老公与故事中的老公是同款（除了少数真的对老婆期待过高的男人），请放宽心，他可能只是找不到话题，不见得是真心要给你压力。

身为老公，请记得，不要以为谈家务、孩子的事及其他代办事项，就能增进亲密关系。如果你只是因为找不到跟老婆搭讪的话题，那在家中经过她身旁时搂搂她，眼光交错时微笑一下，都会为好的关系加分。

若行有余力，在老婆真心想谈话时，放下其他事专心聆听吧！忍住建议与提醒，专心处理她的感受。相信我，这是CP值（性价比）很高的投资，越忙的男人越需要学。若是做得好，保证其他时间老婆不会来烦你，还能包容你、忍耐你，足足能省下好几倍吵架与冲突会花的时间、心力和体力。

光靠**哄**是没有用的

她的心已经没有力气,伤得趴在地上起不来,特别需要他牵一把、哄一下,表示他还在乎她。他哄了一下,她试着抬起脚步。不行,她还得要更多的哄来抚慰自己,来证明他的真心,而不是敷衍、逃避的例行公事。他说,他知道她的辛苦与伤痛,知道自己错了。只是她接受安慰需要时间,这样蜻蜓点水式的说两句好话,无法立即结束对话,这只是开启了沟通的信心,于是她又将更深层的委屈和盘托出。结果换他火了,怎么哄完还是没有办法结束对话?于是翻脸、谩骂,两人的僵局又重来一次。

这样无限轮回的争吵魔咒，经常在夫妻之间上演，结果是两个人心里都委屈。她相信了他哄她时所说的好话，终于可以对他说说真实感受之类的心里话，但他不想听，显然是对她的否定；而他觉得，这算什么？都已经出言相哄了，她还不能闭嘴，这无疑也是对他的否定。

人在感受到被否定时，往往会突然失去理性地退缩或生气，而生气时就会讲出更伤人的话。 两人的吵架轮回再次上演，这种仿佛地狱般的魔咒总是无法破解。

她需要的是一段时间来平复受伤的心，需要在他的理解与安慰下慢慢康复；而他只能提供一句话以表达和好的诚意，时间无法再多给，再要就是无理取闹。两人都还要兼顾工作与家庭，类似的争吵使彼此身心不堪负荷。

"但是光靠哄是没有用的。"我此话一出，两人都有些惊讶。女人永远想要，而男人永远觉得太多的这个"哄"字，竟然不是万能的？

你们想过"哄"这个字代表什么意思吗？字典中的"哄"字有哄逗、哄骗、哄弄之意，女人你真的需要吗？你想当一个受宠的小孩，而非独立的成年人吗？还是你宁可听花言巧语的假话？因为"哄"这个字，代表他必须要让着你，是感觉上的缓解，并不是讲道理，对不对？既然是哄，那他哄你时所说的话，事后不能兑现，也是可以理解的，对吗？

而男人，当他面对女人表达关系中感觉上的受伤或要求再次承诺时，好像是间接受到了否定，会因为伤及自尊心而生气，心中第一时间一律以"她又来了"作为反应。即使勉强哄她，也会认定对方无理取闹，哄得不心甘情愿，也不到位，敷衍和逃避的哄对方当然看得出来。男人越逃避，女人追得越紧，没有得到真正的理解，就一直要重述。

两颗受伤的心，于是再也没办法为彼此提供抚慰。

其实，**在真正的关系中，女人要的是理解，不是哄；男人要的是轻松，不是整日小心在意地哄人，仿佛永远无法完成功课、不能受到肯定的小孩。**女人若能经常得到理解，就不会老要人哄，那是受伤到退化成小婴孩才会出现的行为；男人若觉得在关系中轻松和游刃有余，自然有信心、有弹性去倾听。所以，男人要给女人理解，女人该给男人轻松。

说得简单，但谁先做呢？

好问题！两个都需要被安慰的人，谁先做都会觉得有怨言，而且对对方的回应期待过高。最好两人都不要做，让处在两性关系中心灵的伤先在别处松口气，包扎一下。无论是朋友、工作、旅游，还是信仰都好（只要不是另找一个对象暂代），养足精神，再回到关系中。

而这段时间的长或短，密度高或低，因每个人的需求与能耐不一，两人无法统一规定。先受不了而回到关系中来的人，就先做吧！先放下期待，归零开始，过去一切的伤害与欠债重新计算，带着新的心情与这个熟悉的人再交往看看。

难道**努力**错了吗

佳佳再努力不过了，或许是因为真爱，或许是想证明自己可以成功经营一段感情的好胜心，结婚后的每分每秒，只要有空闲，她就会想到老公振兴。光想到还不够，还要马上听到他的声音或做些什么事情，以增进关系或讨好他。

这样的努力化做爱心晚餐、爱的按摩、体贴的秘书行为及反思如何能让关系更好。这些行动大部分也都挺讨老公喜欢的，谁会不喜欢这样的伴侣呢？尽责、善解人意，而且不介意多分担一些工作。

每次吵架后，佳佳都会一整晚失眠——不是生气，而是想着如何可以避免下次吵架。佳佳甚至站在振兴的立场，设身处地为他想好刚才发火的理由，然后思考下次两人分别可以做些什么来改善状况。真是完美，不是吗？

但结局却总是不完美。振兴对她的努力没有意见，也很难想出比她想得更好的解决之道，其实他只需像鹦鹉学舌般重复她说的如何如何，一场纷争便可迅速消解。只不过，下次他总是无法做到他曾经承诺过的事，激烈的争吵仍然无法避免。

佳佳不明白两人的关系从何时变成这样一个永不超生的轮回：**讨论→有结论→再遇上还是行不通→再讨论→重新有结论→遇到状况时还是做不到。**

所以，她一直怪振兴轻许承诺，却做不到，有用吗？永远挫败的循环，真令人失望。虽说佳佳气他又没履行承诺，但更多的失望来自于避免争吵的期望又再次落空。不管中间经历了多少痛苦，再爬起、想办法、再相信一次……这一次又一次的失望，混杂着可能永远也避免不了的恐惧。他们无法成功经营一段美好关系的事实，真令人生气。

她心中呐喊着，难道努力错了吗？

这一生，佳佳凭着不错的资质与外表，只要加上努力，总能达到目标。为什么唯独在感情这件事上，仿佛怎么努力都不成功。她用尽力气去哭、去喊、去检讨、去努力，可对方却好像棉花一样不痛不痒、不着力。她多努力一分，并不能换来对方多付出一分，反而像你进我退似的，对感情更显消极。

并不是要尊崇男人是猎人、女人是猎物那一套理论，鼓励女人要吊男人胃口。事实上，在现代社会，男人和女人都是猎人，都渴望为追求的目标而努力，但要为了保持现状而努力却难上加难。因为努力若不能带来显著改变的成就感，就支撑不了这份动力。人，会寻找更有成就感的目标付出努力。

女人屡战屡败、再接再厉的毅力，并非为了维持现状。她想获得更多的肯定与赞美，想要一段没有争吵、更臻完美的关系。她的责骂其实不是骂，她的高声是想让伴侣听见。

那么，到底鼓不鼓励双方在关系中努力？

造物者一开始就已经阐明了人生的智慧：人一生中有许多重要的事，必须要在积极中有随意，在努力中放轻松；需要付出，但又不能强求。比如，对于人非常重要的两件事——睡觉和大便，有规律与在意是必要的，但是太用力、太努力又会有反效果。毕竟，大家都有越想要赶快入睡，却失眠；即使用力，却仍然无法顺利排便的经历吧？

很多人经营爱情，很强求、很努力。将全部身心放在改善爱情关系上，可能是出于缺乏安全感，也可能纯粹以为爱情这件事也和工作与事业一样，越努力经营，结果就越好。

实际上，有许多夫妻就是因为一方过于努力经营，而另一方过于懒散经营，而导致关系冲突。因为，有时候过度努力与压力成正比。一直太努力经营的关系，往往也会带给双方很大的压力。像佳佳这样过度努力的女人，让努力占据了所有，已经没有空间留给自己、留给时间、留给标准的松动。

其实人生不只仅有感情这一件事，有的阶段忙游戏，有些阶段忙工作，有的阶段忙恋爱，有些阶段顾小孩，这些生活重心的排比，一直保持着一种动态的平衡。多数夫妻都是在这种平衡刚好达成一致，两人都想结婚时结了婚。但结婚只是开始，之后两人的重心比例可能会朝不同的方向发展。

有时候，我们需要放慢脚步，看看当下不那么美的风景，跟朋友聊聊天，回家看看父母，埋首工作一会儿，对需要帮助的人伸出援手，转换一个场景，再回头来看这个刚才喊卡（停止）的镜头该如何演下去。

毕竟，**一直留白的关系无须保留，而没有留白的关系也无法长久。**

况且，人会变，是真的。他会变，她也会变。此时，智慧与坚毅的爱情将是夫妻关系的基石，而非单靠激情与浪漫。面对双方对感情需求的差异，也需要了解，这是强求不来的生命历程。今天我妥协一点，他日对方也妥协一点，期待两人下一个情感需求接近的阶段。

全速前进，不是最快到达幸福的路，找到两人的平衡才是。

你真的有理由**生气（伤心）**

志炫和姿佑这对年轻夫妻住在公婆家，老公在家族企业中做事，老婆则在家照顾一岁的儿子。老婆每天与公婆、妯娌相处，加上生活习惯完全不同，难免会有不愉快和不舒服的时候。

从清晨需要早起煮稀饭、备小菜开始，到晚上不能让婆婆看见自己 9 点后出现在客厅里，吃泡面追剧。姿佑一整天都战战兢兢，如履薄冰。若是遇到小孩教养观念有差异时，更是痛苦难当。既咽不下自己的教养观念不受尊重，又生怕一时忍不住语气不好，惹公婆生气。

姿佑唯一的慰藉是等到志炫下班回家，可以找时间跟他吐吐苦水，并寻求他的安慰。所以好不容易找到两人私下相处的时间，姿佑便会开始跟老公抱怨。与其说是抱怨，其实话语背后寻求安慰的用意比较大。因为一整天，姿佑只有这个时刻可以不必再压抑情绪，期待能从志炫的反应中获得一点点被安慰、被理解，以及可以继续忍受的力量。

但另一方面，对于每天下班一放松就听到无限抱怨的志炫来说，压力也很大。老婆的委屈他可以理解，但是面对无法改变的父母和必须同住的现状，他能怎么办？

志炫有时候替父母说说话，希望能稍降姿佑的火气；有时候又焦虑地想，老婆的意思是不是要搬出去住呢，可我现在赚的钱不够搬出去租房子啊！想来想去都是烦恼，于是长此以往，姿佑一开始抱怨，志炫就陷入自己的焦虑苦恼中，没有多余的力气安慰老婆。在这种情况下，志炫最常对老婆说的话是："想开一点吧！这是目前现实情况下能想到的最好办法了。"

只是总得不到志炫认同的姿佑，看起来越来越不开心，对关系也越来越失望。失望的是她为婚姻付出这么多包容、忍耐和牺牲，另一半却看不见似的，只想息事宁人；她为了这个家委屈不开心,这一切反倒成了自己的修行功课一样。如果老公连她的感受也不在乎,那又何必小心翼翼地体谅老公,答应暂时与公婆同住的要求?为了一个不能体会自己辛苦的人,需要继续付出吗?

面对类似的状况,当另一半心情不好且抱怨连连时,你最有可能说的安慰话语是下面哪一句呢?

"我帮你看看怎么解决。"

"想开一点了!"

"你真的有理由生气(伤心)。"

"不只是你,我也不好过啊!"

若有一份调查,询问一般人最常对亲友说的安慰话语是什么?"想开一点"恐怕会名列前茅。父亲安慰失恋的女儿会说;母亲安慰没考上好学校的孩子会说;安慰工作中受委屈的朋友可能会说;因为各种原因造成的遗憾损失,我们也很容易说这句话。

这句话对关系不够熟的友人说说也就罢了,虽然这种安慰没什么效果,也表明他是出于善意。如果这句话来自我们的伴侣，则很可能会让对方觉得说话的人根本不了解我有多难过、多遗憾或多痛苦！

"你真的有理由生气（伤心）。"

这才是比较好的安慰语言。或许你会想，这样说岂不是火上浇油吗？对方已经很生气或很伤心了，我还提油救火，是不是脑子坏掉了？请放心，不会的。通常这样说了以后，对方的情绪强度会稍微降，虽然还会继续述说，但至少可以感受到你的支持与陪伴。独苦苦不如众苦苦，一人闷着的情绪，找人发泄之后，也会比较好过了。

最怕另一半站在某个道德要求的高度，劝对方说其实某某某也没有恶意，或者你现在也不能做什么实质性的抵抗，所以你只能想开一点接受啊！这类说法会让另一半觉得你没跟我站在同一战线，而且我已经受委屈了，还被你批评指教，仿佛我的修养不够好。

至于情绪发泄过后，往往感觉已经好多了，这时再来谈这件事是否真需要解决或采取什么行动也不迟。

"你跟我站在同一立场""你可以理解我的感受""你不

会把我的情绪感受当成缺点，要我改"这些体会与信任，对伴侣之间的感情正面影响极大。

不要因为担心火上浇油或一时语塞，就脱口而出"想开一点喔"。很多时候，搞不清楚到底为何两人会激烈争吵的人，就是因为不知道这句看似无害的话，实际上是拉开了两个人之间的距离。

"想开"还是"想办法"

"我跟你说,我们的沟通有问题,感觉一点都不亲密,再这样下去我快受不了了!"老婆哭着说。

"你是不知道我现在的工作压力有多大吗?我们有房贷、车贷,还要付钱让小孩有人带,你还要求什么沟通和亲密,根本就是不切实际。"老公又急又气,音量也提高了。

两人像这样高声加泪水的对话,不知有多少回了,让夫妻二人都觉得好累,都觉得对方不了解自己、不体贴自己,更没有肯定自己。面对这样的情况,一方努力忍耐,劝自己也劝对方想开一点;另一方则努力在绝境中,寻求两人一起解决问题的共识和办法。两人都觉得痛，也都觉得对方在扯后腿。一方埋怨对方为何要钻牛角尖，破坏关系；而一方则生气对方为何老是掩耳不听自己面对感情枯萎的呼救？

遇到夫妻间有冲突、误会或沟通相处有问题时，你赞成尽快沟通讲清楚，还是认为时间可以疗愈一切？到底该"想开一点"，还是需要"想办法"？

关于这个问题，我经常在夫妻咨询过程中被问到，双方都有道理，却也都被对方的坚持伤得不轻。

从小孩的尿布该买哪种品牌、加班忘记打电话回家，到过年给公婆的红包该包多少，每个话题都可能成为吵得天翻地覆的导火线。总有一方觉得自己不被在乎，没得到回应；而一方觉得不被信任、不被肯定。若是认真讨论这个话题，便会引发到底该"想开一点"，还是需要"想办法"的争论。

按理来说，这两种方法都有效，这也是很多人在生活中淬炼出的经验模式，但偏偏这两种信念在夫妻关系中会相互冲突。因为赞成凡事看正面，无须回顾过往不愉快的一方，一定会觉得另一方是得理不饶人、无理取闹；而主张关系一定要讲清楚、说明白，问题需要一起解决的人，却感到一再被对方拒绝、逃避、忽视或不在意。这样循环的结果是两人各自在关系中孤单，觉得只有自己在努力，而对方在扯后腿。

重点是，能不能看出对方也在为关系好，只是方法与归因不同。 至于该听谁的，还真的难有标准答案。除了婚姻咨询之外，下面的祈祷词或许可以参考。

"亲爱的上帝，请赐给我雅量从容地接受不可改变的事，赐给我勇气去改变应该改变的事，并赐给我智慧去分辨什么是可以改变的，什么是不可以改变的。"[1]

---

[1] 神学家尼布尔的无名祈祷文，已被匿名戒酒会与其他十二步项目正式采用。此为洪兰《改变：生物精神医学与心理治疗如何有效协助自我成长》一书中的翻译版本。

爱是**恒久忍耐**吗

一样的激烈争吵,一样的狠话满天飞,晶棻与立青这对夫妻于家中再度上演 8 点档①。客厅里抱枕乱飞,吓坏了的小孩躲在房间里,两人气得一个脸红眼红,一个声泪俱下。

晶棻心中回荡着老公刚才吼出的话,伤透了的心如玻璃碎裂一地。

---

① "8 点档"是指电视台在晚上 8 点的黄金时段,大多播放苦情剧、家庭伦理剧等长篇连续剧,经常会有一些苦情的"狗血"剧情。因此经常会用"8 点档"一词,形容生活中的苦情戏或闹剧。

"跟你结婚 10 年,就是 10 年折磨!"

"你知道我为什么很少跟你做爱,就是因为你一天到晚干涉我、控制我!"

"再跟你相处下去,我一定会早死!"

每句话都像是把刀,往心里钻啊钻,痛极了!除了伤心,晶棻更有疑惑——难道我们的美好时光都不算数?前几天你才对我说"有你真好",难道全是假的?每天下班我要赶着做晚饭,很累了,还想着要帮你按摩,怎么全都不算数了?

"我也想忍住脾气,但人的忍耐是有限度的啊!"

立青心中也充满不平,既沮丧又生气。他想着平日自己对老婆的种种包容:老婆动作慢,害他上班迟到,他也从不抱怨;老婆焦虑时的语气很糟,他也努力忍耐……怎么她就是不知收敛,一天到晚生气,一天到晚埋怨,常常要我检讨或要求改善关系?身为老公实在是退无可退,忍无可忍了。想到自己平时这么忍让,这回被刺激后忍耐不住地爆发,实在是很气!

压抑的是立青,抱怨的是晶棻,两人其实都是为了关系好。一个以为压抑是一种包容、一种忍耐,不是很多前辈都说爱就要忍耐吗？另一个认为无论自己还是对方，如果对关系有所不满，就应该提出并解决，两人尽量沟通，婚姻才会越来越满意。但每次爆发世纪争吵时，他们都会觉得自己的好意不但没被对方领会，还被对方视为大破坏者，心中的怨气便无处消解。

"爱是恒久忍耐，又有恩慈……"这首歌不是经常听到吗？我想立青也听过，只是没注意到歌词中说的是"恒久忍耐"，并不是忍一阵子后爆发。他深信包容即是爱，所以他用力包容，有不满尽量不说，可是却做不到"恒久"忍耐啊！因为他觉得自己已经暗自包容压抑，为何对方还要得寸进尺？而晶棻一直在不知情的情况下所做的事，竟被对方记在账上这么久，然后突然被对方以不成比例的怒火吞噬。她非但不会对立青的包容感激，反而会觉得你不说我怎会知道？在这种情况下怪我，真是太冤枉了。

而且晶棻也不是故意找茬抱怨，她只是想要解决问题，改善关系。她认为双方如果知道某些事情会让对方不开心，以后就可以避免。她之所以会这样反反复复地不断想沟通，只是想换个新方式。殊不知打破砂锅反思到底的做法，却让立青觉得整天被挑毛病，自己对老婆百般包容，却换来事事计较。在同一首歌中，"凡事包容，凡事相信……"歌词是"凡事"包容，而非大事包容、小事改善或大事改善、小事包容。凡事包容或许在工作或其他领域是一种行得通的解决问题的技巧，但运用在处理家人的关系中，却显得有些僵硬且没弹性。

可怕的是，无论压抑还是抱怨，对晶棻和立青来说都是展现爱与努力经营婚姻的证据，也是坚持的真理，总觉得对方是不懂得爱或不懂得沟通改善，自己对，而对方错。

事实上，"忍耐"与"包容"的确是夫妻间努力的目标，但"恒久"与"凡事"却都是很高的标准，做到并不容易。 在亲密关系中，我们得有自知之明，首先承认自己目前做不到恒久忍耐和凡事包容，然后请对方帮自己的忙。

夫妻本是关系的合作伙伴，如果过于信任"压抑"或"解决问题"对关系的功效，就会反而看不见爱了。

好好**吵一架**

两个拥有不同成长背景的人共同组建家庭，亲密相处的过程中，吵架是难免的。因为只要关系亲密，两个人就会有很多交集，并且有很多时间接触，就容易碰触到个人的情绪地雷。

这种情绪地雷在职场上比较不容易引爆的原因是，工作时说的话语会经过精心包装，而且为了顾及自身形象，也倾向于压抑自己的情绪。但回到家中，面对自己最亲密的伴侣时，一方面职场上的警觉状态松懈了；另一方面自己在意的人说出来的话，影响力比同事和朋友更大。这时只要碰触到情绪地雷，最容易一触就爆发。

举例来说，当老婆想要求老公做某件事时，通常脱口而出的话是"你都不给我买名牌包、你都不带我去吃法国餐、你都不在睡前抱抱我……"如果刚好老公的情绪地雷是听不得"你都不"这3个字——他认为这3个字代表了自己被批评、被骂，而不会将这些话解读成"老婆有需要"，因此听到这种话就用生气、不开心、臭脸或呛回去等方式回应；而原本期待老公会满足其需求的老婆被老公呛回来，失望之余也会开骂。两人唇枪舌剑互不相让，就吵了起来。

如果是同样的情况，而老公的情绪地雷并不是"你都不"这3个字，而且老公知道当老婆说出"你都不"这3个字时是提出需求，这时老公若回应："好，我找个时间带你去吃法国菜；明年你过生日的时候买个名牌包当礼物送给你……"老公回应了老婆的需求与期待，两人不但不会因为这句话吵架，反而是一种良好的互动沟通。

其实，吵架是某种表示两个人还在乎对方的互动，如果两个人不吵架的原因是生活没有交集、互相不在意对方或大家各过各的生活，这种不吵架的夫妻虽然避免了冲突，但不代表夫妻之间有亲密感，也并非没有冲突就代表感情好。

无论如何，**有时吵一场好架，比一直避免吵架还重要！**所以，架要吵，但有些话若讲出来是很难善后的，有些话、有些动作是不能说、不能做的。为了避免吵架后的杀伤力延续，避免让关系越来越糟、变得难以修补，还是有一些禁忌尽量不要碰触。

不要随便说"离婚"

生气时可以说："我很生气、我非常生气、我太生气了！"你可以表达自己愤怒的情绪，但是不能脱口而出："离婚。"

"我要跟你离婚"这句话很重，这是一种遗弃对方的表达。而**"遗弃"会引发婚姻当中最严重的依附焦虑问题**，是最普遍、最容易引爆的情绪地雷，可以说是一踩就爆的超级地雷。

这句话一出口，双方都会受重伤。对方会为了保护关系、保护自己而失控，说出更多的恶言。这句话造成的创伤很难收场或弥补，所以吵架时就算再生气，也千万不要随便说出口。

除了离婚之外，和它一样对婚姻具有杀伤力的话还有："早知道我就不和你结婚了、早知道我就应该对结婚这件事多想想、早知道我们不适合……"这些杀伤力超强的话，说出口只会让事情更糟糕。

不要故意戳对方的罩门

如果知道对方最在意的事，尤其是与原生家庭有关的事，都属于对方的罩门，千万不要故意去戳。即使在吵架时，也不要说相关的话语。

举例来说，老婆不喜欢自己妈妈经常歇斯底里的表现，吵架时老公千万不能说："你就像你妈一样歇斯底里！"又如，老公的爸爸在他小时候抛妻弃子，另组家庭。当老公忘记老婆叮嘱要做的事时，情绪不佳的老婆千万别脱口而出："你就像你爸一样不负责任！"这些戳到对方痛点的话一定会给对方带来严重创伤，也会为恢复关系增添难度。

别吵到沸点

当一言不合想要痛骂对方时,可以先深呼吸几次或倒杯水喝,缓和一下自己紧绷的情绪。这样就算吵架,也不会一下达到沸点。只要吵架不达到沸点,言语的杀伤力就会降低一些,之后进行修补工作也比较容易达成目标。

不可以做威胁生命的事

有些人吵架时情绪失控,会动手打人、摔东西或拿着尖锐的物品挥动,这种举动会吓坏对方,因为这会踩到每个人都有的生存本能地雷。也许做出上述暴力举动时,可以让对方暂时闭嘴,听你说话,但这并不能达到沟通的目的,反而会在对方心里留下深刻的恐惧。深刻的恐惧会危害关系,不是吵过就没事,有可能就此失去对方的心。

特别需要注意的是,如果有小孩在一旁目睹了这些暴力举动,对小孩的伤害及未来人格发展的影响很大。家中有小孩的夫妻在吵架时，更需要顾虑到对孩子的影响。

别为了赢而吵架

有些人的个性好胜心强，吵架时也要非赢不可。为了赢得胜利会拼命地踩踏对方的弱点，并且强烈地刺激对方。这种为了赢而不择手段的吵架杀伤力很大，最后即使赢了吵架，也会输了关系，同样得不偿失。

不要拖旁人下水

切记，**夫妻是最小的沟通单位**。这句话的意思是，当夫妻俩发生争执时，仅限两个人吵架即可，尽量不要在他人面前吵架，也不要将吵架的事向长辈、手足或朋友告状。

不要希望通过传话的方式，让对方符合自己的期待。因为吵架状态说出的话会比较夸大，而且第三方并不了解吵架的前因后果，会对你们的言语有另一番自己的解读，甚至对某一方产生某些刻板印象。最后，夫妻吵完架，和好了，但身边的人获得的信息可能没有更新，无法改变自己对其中一人的看法，甚至日后经常将这次自己听到的印象拿出来说，这样会造成相处过程中更复杂的困扰。

避免因为同一件事重复吵架或冷战

通常夫妻双方在一次次的吵架中，经过沟通与理性的对话，应该会一次比一次更清楚对方的情绪地雷是什么。了解什么事或什么话会引起对方激烈的反应后，就应该避免为了同样的事情、同样的情绪地雷引起争吵。因为重复性的吵架不但不是沟通的方式，反而会一次又一次以同样的方式伤害对方的感情，非常浪费生命。

有些夫妻为了避免吵架，采用不说话的冷战方式来表达自己的不满。事实上，冷战也算是一种无声的吵架。口出恶言是一种攻击方式，不说话或不理睬对方也是一种攻击方式。有人认为冷战比起唇枪舌剑更有助于调节情绪，所以选择在对方发怒时来个一概不理,希望对方因此冷静下来。殊不知这种无言的对待对于某些人来说,反而会加剧不满情绪,对调节情绪并没有帮助。

> 咨询师对你说

为何夫妻**吵架**总是**口出恶言**

吵架，最怕口出恶言或说出伤害性过强的话，从而影响夫妻感情。在谈及为何吵架总是口出恶言这个问题之前，要先了解何谓表层情绪和深层情绪。

生气时脱口而出的气话和激烈的动作，都属于表层情绪，而深层情绪则是受伤和羞愧等。因为深层情绪通常是脆弱无助的，人们不习惯将深层情绪表现出来，所以才会明明内心受伤，却用口出恶言的方式表达出来。但这种表层情绪发泄的方式并不能宣泄深层情绪，反而会加重深层情绪的伤害。

伴侣间行为反应的目的有两个：其一是保护自己；其二是保护关系。吵架时骂对方，是希望另一半记清楚，下次不要再犯这个错误，这时口出恶言是为了让听者了解自己有多痛苦，这属于保护关系。当被骂者辩解说"我没有、我不是……"时，则是要保护自己，也可能会用口出恶言的方式将对方说得很糟糕，用语言攻击对方的方式来保护自己。所以才会经常发生夫妻吵架时，你一句恶言、我一句恶语，互不相让的情况。

我们**和好**可以吗

婚姻是长长久久的关系，有高峰也有低谷。在接纳与认同彼此的过程中，不一定每时每刻都会让双方满意，但就算是争吵，也应该在风暴过后重新修补关系。那吵架过后，夫妻二人该如何和好呢？

真正的理解要向对方说出来

当被踩到情绪地雷而受伤的一方说出自己痛苦的感受时，另一方应当叙述一遍对方的感受，这可以表示真的听懂对方在说什么。当踩地雷者真正了解受伤的一方痛苦的感受后,可为自己踩到对方情绪地雷这件事表示遗憾或道歉。之后两人再共同思考如何在不踩到对方情绪地雷的情况下,表达自己真正的意思与感受。如此,不仅吵架后容易和好,也可将吵架当成沟通的一种方式。吵架却不伤感情,并可增进彼此的了解。

建立默契,给先和好的一方面子

建立"和好"的默契是指:彼此明白当对方做出某个动作(如倒杯水、抱抱对方)或说某句话(如对不起)时,就是代表要和好,这样在日后发生吵架时,比较容易收场。

此时,就算你仍然怒气未消,和好还有点勉强,也要先勉强自己尽量给先发出和好信号的一方面子。先表示自己也有想和好的心,再坦白地说自己的情绪尚未完全恢复,没有办法马上和好,需要多一点时间才能恢复。等双方破冰之后,可以恢复谈话,但不建议在刚破冰的情况下立即分析或检讨吵架的原因。因为有些人的情绪地雷容易引爆,马上分析吵架原因,会让情绪敏感者认为对方又在踩他的情绪地雷，很有可能再次引发另一番争吵。

分享吵架背后的脆弱情绪

建议吵架一段时间后，可以分享自己吵架时的深层情绪，告诉伴侣自己当时是什么心情：受伤、失望、害怕、为难或羞愧。当伴侣说出自己生气和吵架的真正原因时，倾听的一方理解了对方脆弱、无助的情绪时，容易对伴侣的心情产生同情心。这时，吵架的不愉快就容易被释怀。

其实，许多夫妻争吵到最后，都卡在谁对谁错、谁该道歉、谁该先给对方台阶下。但**"对错"和"公平"观念，在亲密关系中一点都不切实际**。因为夫妻双方最在意的点和最不能忍受的点并不相同，唯有接纳对方的特质，深度了解与尽量配合，才是维持关系的长久之道。**坚持对错，是最错的方法。**

情绪是**真**的，道理是**假**的

下面的故事是我的瑜伽老师在泰国旅游时的亲身经历。

我在一家非常高级的五星级餐厅用餐后，光临了它的五星级洗手间。一进门就遇到一位非常美丽的女子刚好从里面走出来，因其气质出众、容颜美丽，让我不免多看了两眼。结果我一走进那女子使用过的那间厕所，顿时被眼前的景象吓了一跳：马桶盖和地上洒满了液体，不知道是水还是什么别的东西。

这时我心头冒出许多想法：难道她上厕所像男生一样站着瞄准？泰国这么多人妖，她会不会是人妖啊？还是她空有一副美丽外表，却没公德心地蹲在马桶上解决？我很小心地擦拭并使用后，

按了一下冲水键，结果水顿时冲了出来，喷了一地，这景象跟刚才一模一样——原来是马桶坏了！

我刚才在脑中冒出的一切想法，在一分钟内全部被推翻。除了刚进门时看到遍地是水的恶心感是真的以外，其他所有假设，以及假设所带来的所有埋怨都是假的。

《婚姻的法则》一书中，作者也分享了一段他的真实经历。

午后的捷运车厢里，人不算少，但大家都安安静静地共享这片刻的宁静，直到一位父亲带着3个小孩上车。这3个年纪3～10岁的小孩，上车后就没有一刻好好地坐在位置上过，他们大声喧哗、奔跑、打闹、蹿来蹿去，简直快把车厢掀翻了。奇怪的是，父亲好像没看到似的，两眼直视前方地板一动也不动，并没有出声制止。作者实在看不下去了，觉得这也太没有公德心了吧！我们的社会就是充满了这样不管教小孩的父母，才会越变越乱。不行，总得有人仗义执言，提醒这位不负责任的爸爸。

"先生，你怎么不管管你的小孩呢？"虽然隔着两个座位，他还是忍不住开口了。

"喔，对不起，我完全失神了。孩子们的妈妈中午刚刚过世，我们从医院回来，我真的没办法集中精神思考。"这位爸爸痛苦地说。

刹那间，作者心中的一切责怪都变成了罪恶感与羞愧感，现在他一心只想着自己可以为这位可怜的爸爸做些什么吗？但什么都不能做，甚至连拍拍他的肩膀安慰一下，都因为隔着两个座位而无法伸手。

他所有在脑中冒出的想法，也在5分钟内被推翻了。除了孩子们大吵大闹带来的烦躁感是真的以外，其他所有的假设，与假设带来的埋怨都是假的。

这两个故事的主角与所有身处关系中的人们一样，我们也常常有许多不悦的情绪。这些不舒服的感受都是真的，觉得自己被侵犯了、被伤害了、被误会了、被不公平对待了。没有人可以否定这些，不但自己不能否定，别人若用"不会啊、小事情嘛、干吗那么生气"的态度来劝你，你有可能会更生气。

情绪是真的，需要好好正视并处理，但道理可能是假的。往往情绪在真相还没有被揭开之前，就先冒了出来。依据这样的负面情绪，我们推理、假设、演绎出一个完整的故事——但只是根据我们被激发的情绪，并非全面了解。

最怕关系里的人都以情绪互动，各自站在认为正确的道理上，全然无法沟通。在一个又一个更强烈的情绪上，堆积错误的理解，终至无法收拾的局面。

我在与亲密关系中吵得不可开交的伴侣谈话时，经常会发现，争执点往往是对方说的一句话或对方坚持的一件事，在另一个人的解读下是完全不同的意思，然后在理性了解之前，情绪大战就已经爆发。

例如，老公习惯说"等等再说"，在老婆听来就直接翻译成"他不重视我"；又如，老公的"理性至上"，被老婆解释成"冷漠"；而老婆的"真诚表达"，却被老公诠释为"无理取闹"。当彼此的翻译机功能失调时，往往在还没有机会解释或了解对方之前，两人的情绪已经跳出来挡在爱的前方，相互对峙奋战。越战越勇越惨烈，伤害与误解的地雷不断引爆，终至两败俱伤。

请先设身处地地感受对方的情绪，也接纳自己的——因为情绪永远是真的；也努力练习别太快认定自己的道理是对的，对方是错的——因为信息不足而产生的误会，每天、每分、每秒都在发生。

吵架时,说得多不一定好。语言的弊端往往大于功能,道理再多,还不如一个温暖的、和解的、什么是非都不计较的拥抱。

婚姻是一门专业

子阳中年转业,从小职员做起,每天加班不说,工作上的挫败感天天压在肩上。晓竹也上班,虽然工作暂时稳定,但为了更高的学历,周末还要抽空读书进修。两人有一个两岁的小孩,生病的婆婆也与他们同住,于是两人每天下班后仿佛要打另一场仗:接小孩、做晚饭、帮小孩洗澡、陪妈妈说说话……与此同时,夫妻二人可能还得在家加班或读书,等真正面对面坐下来,已经疲累得连一丝笑容都挤不出来了!

这样的场景在现代夫妻中不足为奇,只是情节略有不同而已。几乎每对夫妻都忙碌,忙碌就没时间经营婚姻家庭,没办法有弹性。老公要老婆腾出半天时间带小孩很困难，老婆要老公记得自己的生日也往往会失望。两人每天的压力加起来，仿佛在焖烧锅里沸腾，一不小心就会爆炸。

对方连一丝一毫都不能调整改变了，而自己同样被挤压到无法再承受多一点压力。此时往往一个小误会，就会让原本单纯的情感被磨损耗尽，觉得自己已经为这个家尽心尽力、受尽辛苦，只是一点点小小的要求，对方也不愿做改变，还谈什么在乎和爱？

于是不谅解、被误解、生气、委屈，就在亲密关系中负向循环，愈演愈烈，直至双方再也没力气承受而断然分开；也有人挣扎着求助外部资源，再试试看。很多人就是在这样的情况下接受夫妻咨询的。

面对这样的夫妻，我的第一个感受是心疼。两个人不是不爱、不努力啊？何以到今天伤痕累累、心力交瘁，既怀疑自己，又怀疑婚姻？

有人提倡周末婚，认为在双方都如此忙碌的情况下，不如相隔两地，周末才一起度过，可能还能维持一点新鲜感，并留出心力来经营关系。

我相信倡议者一定是在其中尝到了甜头，而且夫妻两人的需求一致。其实各种方法都可行，但并非适用于每个人。例如，实行周末婚的夫妻，必须双方的情感与生活都能够独立，而且可以延宕关系上的需求满足——周二的挫折也许要等到周六才能真正得到另一半的抚慰（当然，网络和电话也可以提供部分辅助，但毕竟无法碰触与感受）。

另外，也不能对好不容易才见上一面的周末有太多期待，得失心太重往往是压力的来源。否则会造成若出现一点点关系上的不顺心，就觉得这一周的等待全是白费；更别说万一对方在假日来临时有别的安排，最后的结局可能是周末的时间拿来吵架都不够。

我曾跟一对同是心理咨询师的夫妻聊天，老公在谈话间提到，职场上人人都说他聪明，除了在老婆面前笨了点，他对自己的咨询专业有绝对的信心，但恐怕得坦承，他对自己的婚姻经营并不专业。

连这么在意人际关系的心理咨询师都承认，自己对婚姻的经营并不专业，更何况其他人？我们花了若干年累积知识、技能和职场经验，时至今日才可以拍拍胸脯自信地说自己是财务专家、工程专家、销售专家、管理专家、电脑专家，甚至家政专家。但请问，大家花了多少时间学习婚姻经营呢？已经结婚5年的你，在这些年间对婚姻是顺其自然，还是努力学习？是一直坚持理念不肯妥协，还是处处忍让失去自我？有没有运用书籍、网络查询或请教朋友、专家，以找出解决之道吗？自己是否在关系中更了解自己？

婚姻需要花心力学习，而生活又是如此忙碌，所以很多人干脆选择独身，这样才有时间留给自己，其实我并不反对这样的选择。

不过，真正幸福的婚姻也需要有留给自己的时间。在调配两人婚姻关系的浓度与滋味时，还需兼顾两人的口味——能大部分做自己，却又可以随时保留弹性调整的空间。在看似不可能中，坚持相信一定可以找出两个人都能接受的妥协方法。而且，我们得承认，婚姻这门学问跟其他专业一样，要下工夫学习或请教，才有丰富的回报啊！

男人的自尊 = 成功的婚姻

《洗手间里的晚宴》是一个在网络上流传甚广的故事。故事的梗概如下。

身为单亲妈妈的女佣,独自带着一个4岁的男孩生活。一天主人要请客,他对女佣说:"今天您能不能辛苦一点,晚些回家?"

"当然可以,不过我儿子见不到我会害怕的。"

"那您把他也带过来吧!"

于是女佣急匆匆地回家,拉着自己的儿子往主人家赶。

"我们要去哪里?"儿子问。

"带你参加一个晚宴。"

4岁的儿子并不知道自己的母亲是个佣人。女佣不想让衣衫褴褛的儿子破坏聚会的快乐气氛，更不想让儿子知道主人和仆人的区别。于是她把儿子关进了主人家的一个洗手间里，她指了指洗手间里的马桶说："这是单独为你准备的房间，这是一个凳子。"然后她又指着大理石的洗手台说："这是一张桌子。"她从怀里取出路上买的香肠，放进盘子里说："现在晚宴开始了。"男孩在贫困中长大，从没见过这么豪华的洗手间，不认识抽水马桶和大理石洗手台。他闻着香皂的香气，幸福得不能自拔。他坐在地上，将盘子放在马桶盖上，盯着盘子里的香肠和面包，为自己唱起快乐的歌。

"你躲在这干什么？"主人顺着歌声，看到了洗手间里的男孩，奇怪地问道。

"我是来这里参加晚宴的，现在我正在吃晚餐。"

"你知道你在什么地方吗？"

"我当然知道，这是晚宴主人单独为我准备的房间。"

"是你妈妈这样告诉你的吧？"

"是的，其实不用妈妈说，我也知道，晚宴的主人一定会为我准备最好的房间。"男孩指了指盘子里的香肠说:"不过,我希望能有人陪我吃这些东西。"

主人的鼻子有些酸,用不着再问,他已经明白了眼前的一切。他回去端了盘子又来到洗手间,对男孩说:"这么好的房间,当然不能让你一个人独享,我们一起共进晚餐好吗?"

他让男孩坚信,洗手间是整栋房子里最好的房间。后来所有客人干脆一起挤到小小的洗手间门外,为男孩唱起了歌。每个人都很认真,没有一个人认为这是一场闹剧。

多年后男孩长大了,成为富人,每年都要拿出大笔钱救助穷人。可是他总是默默捐助,从不公开自己的姓名。有朋友问及理由,他说:"我始终记得许多年前的一天,有一位富人,有很多人,小心地维系了一个4岁男孩的自尊。"

这个故事让我非常感动,我们不是人人都有机会当豪宅的主人,也不一定都是单亲妈妈,所以我要把适用的范围缩小:**若你是别人的妻子,可否维系老公的自尊像维系这个4岁男孩的自尊一样?** 在研究了许多寻求婚姻咨询的个案后,我惊讶地发现,男人的自尊几乎跟成功的婚姻画上等号。

这并不是要求老婆受委屈，事事以夫为贵。只要"包装营销得宜"，照样可以兼顾女人的自主与幸福的婚姻。例如，**在维护老公自尊的前提下，当你希望老公同意某件事，辩论绝非最佳之道。**

多年前，美国运通公司写了一封让人愉快的信给伟恩，告知他可以自选 5 种杂志，免费看 3 个月。听起来似乎超级棒（即使是不太爱看的杂志），因此伟恩开心地选了 5 种。但他不知道，将来若不采取行动中止订阅，就会继续收到杂志，并且依照一般标准收费。近 10 年来，伟恩一直持续订阅那些自己很少读的杂志，他一直想要终止，但就是没有采取行动。不知是他下不了决心放弃每月坐拥数本杂志的充实感，还是要取消订阅的相关手续过于麻烦。总之，他一直推延至今。

上面这个例子说明，**有时候改变不能操之过急，先给对方一点甜头是必要的，往往改变会在不知不觉中发生。**

而且，老公的自尊还要靠老婆的正向话语。打个比方好了，当医生说："在 100 个动过这种手术的病人中，有 10 个人在 5 年内去世了。"如果你的想法和大多数人一样，很可能会被医生的话吓到，因而不想动手术了。你会想："死掉的人还真不少，我可不想成为其中之一。"但如果医生说："在100个动过这种手术的病人当中，有90个人成功地活了下来。"人们的反应就会大不相同，虽然两句话的意思完全一样。

所以，当老公偶尔下班回来说自己累死了，他渴望的是你的安慰，以及对他有信心地说："总会没问题的，老婆相信你，老公加油！"而不是比他还愁眉苦脸，担心地说："怎么办？我看你每天这么累，身体都搞垮了，需要换工作吗？唉，工作也不好找，要不然不到3个月就会病倒了，到时候家里怎么办呢？"

聪明的老婆们，懂了吗？

"我变**胖**了"

老婆说:"我变胖了。"

相信许多老公都会认同,这是天底下最难回答的一句话。

如果回答:"没觉得啊!"

那老婆一定觉得你没有诚意,睁眼说瞎话,明明已经重了 6 千克,却只想息事宁人地说这种敷衍的话。

如果回答:"好像是耶,我也觉得你最近胖了!"

这时老婆的脸色可能大变,试探又看不出喜怒地说:"你嫌弃我了是不是?要不是因为你和这个家,我也不会……"

老公听了没反应,老婆会觉得你不关心、不在意她在乎的事；反应太大了，如提议陪她想办法减肥，老婆会觉得你太在意她的外表，甚至会出现缺乏安全感的表现。

所以说，当老婆说出这句话时，全天下的男人不可不慎，稍微处理不当，便会后果严重。

当老婆说"我变胖了"，其实涉及自我形象、自我感觉及自我实践，加上希望得到安慰及得到肯定接纳的多重复杂心理。这时作为老公若处理得当，不仅能够为感情加分，还能解救老婆于水深火热之中。

该怎么处理呢？难就难在不同的老婆、不同的阶段，有不同的回应方法，没有标准答案。这考验老公对老婆的心态及此阶段自信心与自尊心的了解程度。合适且妥当的回答，必须让老婆觉得老公对自己既接纳又了解。他既是可以并肩奋斗的伙伴，又是可以撒娇耍赖的对象。

所以，首先，要评估老婆说这话时的心情：最近是否受到什么打击？为什么会突然说自己变胖？说这话是一时兴起还是压抑已久？细心倾听老婆的心情。对于情绪给予认同，而不是马上给建议或表达自己的意见。

然后，一定要尊重并且表达自己的立场，即无条件的接纳："老婆永远都是我心目中最可爱的女人""老婆不同的身材有不同的美""随着年龄渐长，我渐渐喜欢比较有肉的女人"。以上话语需要配合恶心程度服用，一下子过量或与平时行为表现差距太大者，请酌量。

当然，也不排除有的老婆真的是想努力改善，而非仅仅是抱怨。这时，老公便可以回答："我并不觉得也不在意你变胖，但若是你不喜欢这样的自己，我可以怎么帮助你呢？"然后被动地配合老婆，千万别主动地提出许多减肥建议，太积极只会让老婆觉得你早就嫌弃她了，反而好心不会得到好回报。

以上3点回应，需要按照步骤：**同理心→接纳→讨论与配合**。如果先急急忙忙地讨论或给建议，后果一定很惨，处理老婆的事与处理公事不一样，欲速则不达。

最后，要提醒各位老公的是，当老婆说出"我变胖了"这句话时，极有可能正处于内心脆弱、需要支持的状态。失落的心情混杂着年轻不再的惆怅，此时老公适宜的回应将带给老婆极大的安慰。

千万不可因为这句话难以回答,而转头跑去抽烟或顾左右而言他。逃避的态度,才是最可能引燃炸弹的引信啊!

甜言蜜语的公式

尽管老公不存在什么大奸大恶或不负责任的行为,但若问每一位老婆对老公的满意程度,老婆们心底多半都有些怨尤。

你知道为什么怨吗?因为在婚姻中男人要得少,女人要得多,因为男人与女人天生的标准不同。老公对老婆的标准多半较低,包括:可以有性关系、顾家和一些陪伴;而女人呢,要得可多了:要被重视、要被肯定,最好还能身心灵契合。

男性要实的回应,女性要虚的回应;男性只要基本需求被满足即可,女性却要抽象的话语和动作,表达肯定与爱意。这虚实之间,弄清楚的夫妻并不多。

男女双方的需求天生不同。若老公自己并没有此类需求，确实很难体会老婆的需求；而老婆拼命努力满足对方的需求之际，却往往得不到自己那份深深渴望的、在关系中应有的回馈，实在郁闷。

况且，男人先天的基因与后天受到的教育令其比较独立，偶尔喜欢有自己独处的空间，没事一个人发呆或看电视都好，婚姻或老婆只是生活重心的一部分。

而女人，一般来说，不管事业多成功，都渴望一份令人满意的关系；不管自己再忙，还是愿意投资时间和心力来经营关系。在关系上的投资与回报不成比例，也是女性常有怨言的原因之一。

我遇到过一位聪明的老婆，在怨气冲天很久之后，终于想出既能够满足自己，老公也比较容易做到的好方法。以前她总埋怨老公想抽烟的时间与频率，比想老婆还要多得多，仿佛香烟是正宫，自己是小三似的。遇到自己需要老公回应的重要时刻，老公总是不敌香烟的诱惑，先处理烟瘾，再顾及老婆。后来她想通了，顺着老公的习惯，搭香烟的便车。她跟老公商量好，每当他抽烟时，就顺便想一想如何让老婆开心一下，对关系有所投资。老公觉得这样可行，决定尽量试试。

但是具体要怎样做呢？他怎么知道老婆听什么话会开心？一时之间要从嘴巴里蹦出什么甜言蜜语呢？

这一点，聪明的老婆也预备好公式。对于务实的男人不能给予抽象的期待，一定要用简单的公式当指令，要师夷长技以治夷，用男性听得懂的"实"，来换取自己期待的"虚"。

江湖一点诀，说破不值钱。其实"甜言蜜语公式"只需要3句话。

第一，针对老婆今天的某一项好行为具体描述。例如，老婆今天早上在她上班快迟到之际，还帮忙换了厕所的卫生纸。

第二，肯定对方的动机。例如，老婆一定是怕老公上厕所时没卫生纸用，才去换的，一定是因为爱老公的缘故。

第三，表达自己的感受。例如，老婆的贴心，让我感受到家的温暖。

这3句话的公式，说穿了就是**描述→动机→感受**，相信很多人都可以学会。不过，学会之后，要好好应用在武林正派（固定的亲密伴侣）身上，不要走火入魔地运用在邪门歪道方面（用甜言蜜语欺骗别人的感情）。当然，将其发扬光大，运用在职场或子女管教方面，也能收到事半功倍之效。

> 咨询师对你说

没事没事与**不怕不怕**

　　甜言蜜语有公式，那如果老婆的心情不好，需要老公安抚时，也有公式吗？

　　大部分人在担心未来会发生一些超乎预期的事时，希望听到的是"不怕不怕"，而且希望有人可以提出不用怕的理由；而在很懊恼或后悔做错了一件事时，希望听到的是"没事没事"，并且说出真的没什么大不了的原因。

　　所以，最简单的方法是，当老婆懊恼过去的事情时说"没事没事"，担心未来时说"不怕不怕"。把这个公式背下来就万事大吉了吗？错！

　　先试着拆解这个恼人的用字差别，这不仅仅是中文的咬文嚼字问题。在"没事没事"和"不怕不怕"背后，有非常不同的安抚脉络，也考验着你对另一半的了解程度。或许说者无意，但听者有心。"没事没事"对某些人来说，意味着否定了问题的严重性及感受，硬是期待被安慰的人吞下自己的焦虑、烦恼和担心，假装无事。简单来说，就是事情被画上了句号。说者即便原本是好意，但很可能达不到安抚对方心情的效果。

就像对婴儿说"不哭不哭"一样，安抚者若不是搭配温柔的声音，加上抱抱、摇摇或拍拍，以及检查尿布湿了没？肚子饿了没？发烧了没？婴儿有可能听懂这句"不哭不哭"背后的安抚含意吗？仅仅被告知不要哭，会有被爱的感受吗？

所以除了要配合安抚的音调、肢体和姿态外，成人比婴儿要求得更多。老婆期待老公在多年相处之下，有懂她的默契。

因此，最重要的一步是判断老婆此刻的心情是懊恼过去，还是担心未来？这一点就不简单，因为女人的说话习惯通常是绕圈圈或像树枝伸展枝叉一般，并非直线前进。有时甚至是通过述说，她才真正了解自己的心情，所以她不会告诉你关键词是懊恼还是担心。

再者，就算抓对了关键词，但只说"没事没事"或"不怕不怕"还不够，还需要列举出足以说服她的理由。在一连串尝试失败或被反驳的挫折中前进，直至找到足以说服她放宽心的理由或补救方案与解决之道，才算完成任务。

越过这重重枪林弹雨，足以展现男人为女人勇往直前且不屈不挠的决心。此后，老公的诚意与参与便可以与"在乎"画上等号，在老婆内心最脆弱之际同舟共济，可以换来一周的甜蜜或一个月暂时的不唠叨，撑一下也很划算吧！

别做婆媳的**和事佬**

俗话说得好,厨房总是太小,容不下两个女人。这两个女人指的正是婆婆和媳妇。

近年来,随着双薪小家庭买房不易,又有照顾孩子的需求,年轻夫妻跟父母同住的比例高了起来。出于经济考虑,只好牺牲自由,毕竟自己搬出去生活,很可能就要屈就更差的生活品质,并且存不下钱。

但婆媳同住,这故事可就精彩了。

政宇的妈妈丽华姨很疼媳妇,她早就有言在先,年轻人工作忙,家务不用政宇的老婆嘉桦操心。丽华姨煮饭,大家回来吃便是。她心想，这样百般为小两口好，媳妇该心怀感激才是。

结果始料未及的是，从切生熟食砧板忘记换，饭菜太咸、太油或不该放味素，到用鸡骨和猪骨熬汤被嫌激素过多……几乎丽华姨做什么事都会被念被嫌。虽然媳妇的语气已经经过修饰，但做婆婆的总会想：我做牛做马让你们享福，还要常常被嫌弃。心里就愈发的苦和怨了，这些苦和怨早晚有一天会让儿子知道。

而嘉桦也不见得好过。她虽然不用做家务，但洗碗和洗衣等其他家务总还要多少做一些。在自己家，她可以跟妈妈撒娇说想吃什么、不想吃什么；但在婆婆家，还是要多多忍耐，以大局为重。所有饮食习惯都不能做主的无奈与不受尊重，早晚有一天会让老公知道。

这时被夹在两个女人中间的老公该怎么办呢？说妈好，媳妇不依；替媳妇说话，老妈又一把鼻涕一把眼泪。到最后，许多身兼老公和儿子的男士便理所当然地选择在公司加班，反正眼不见为净，回家就说累到趴。在外打拼不容易，能逃就逃，离家中女人卷起的风暴远远的。

但是，这样逃避也不是办法，日子久了还是会出事。两个女人少不了要叫政宇来评评理，而他一站出来，好像说什么都不对。

无论台面上还是台面下，婆婆和媳妇总是不知不觉地在每件大事小情上比较，儿子或老公到底有没有站在自己这边。若是大家住在一起，再加上孩子的教养问题，婆媳之战将会更加严重。

在婚姻咨询的工作中，我发现，有许多可怜的老公在妈妈和老婆之间常常感到压力大得喘不过气。若是一家人住在一起，下班便如战场，你一言我一语搞得几乎想进坟场。此时，老公心中常有一个巨大的问号，并感受到严重的挫败感：我已经经常当和事佬了，总是努力在她们面前说对方好话，为什么还是解不开两个女人的心结？

这样的和事佬当然会让事情越解越纠结。怎么说呢？两个女人争的不就是男主角的认同和看重吗？若男人以为努力说对方的好话，就可以消减她们之间的敌意，那就大错特错了！这只会让对方认为你是站在另一方的立场，根本不了解自己的委屈和牺牲，反倒一直帮对方说话，心里更不舒服。

最好的方式是妈妈跟你抱怨，就对妈妈的委屈感同身受；老婆跟你抱怨，就体谅老婆辛苦了。不用帮着骂对方，但至少可以舒缓她们的情绪，感谢她们为了你愿意牺牲付出，你看在眼里很感动——这招对妈妈和老婆都有效。

我建议男人间也该好好聊聊这个话题，家和万事兴，这比工作升迁还重要。**其实有许多婆媳相处和睦的例子啊，靠的都是男人这个身兼儿子与老公角色的智慧。**

老王说，平日都是他妈妈煮饭做菜，所以假日时他会偷偷塞钱给老婆，叫老婆请妈妈到外面的餐馆吃饭，说是慰劳妈妈的辛劳。

小李说，老婆对于三餐烹调方面的意见，都会辗转由他的嘴向妈妈说明，对于儿子的口味喜好，妈妈比较甘心乐意改变。

大华说，他们家一周有一天由媳妇按照《奥利佛30分钟上菜》的食谱煮一顿西式菜肴，而他也会进厨房帮忙（顺便增进夫妻感情，若不好吃，还可以由他完全承担责任）；其他日子的晚餐则由妈妈全权做主，累了不想做，买外卖也行。

他们对于家中男人要肩负起的责任一肩扛起，脑力激荡之下想出让两个女人都能接受的方法，而且他们深知这个"筑巢"的工作需要 10 年以上竭尽心思来完成。人类的巢要有好的气氛，比鸟巢还难建立。

一屋当然可以容得下二女，全看这屋里的男人有没有承担起"筑巢"的责任。

> 咨询师对你说

给老公的**婆媳相处** 3 守则

在处理婆媳问题时，夫妻关系必须是"最小核心单位"。意思是即使你要帮妈妈争取权益，也得在夫妻关系中先商量好，和老婆一起讨论，以两人都能接受的方式孝顺妈妈。若是反其道而行，先跟妈妈商量再跟妻子说，绝对是吃力不讨好，会让嫁进来的老婆感觉自己仍是外人，认为老公仍跟妈妈亲，跟自己不亲。处理婆媳关系的过程次序绝不可乱，先老婆再妈妈，内容反倒好商量。

举几个常见的绝不能做之事，给天下可怜的老公们参考。

第一，绝不可以任意推翻已跟老婆商量好的事。

例如，夫妻二人已经约好了看电影，但却因为婆婆希望儿子开车送她去进香，老公没跟老婆讨论就改期。片面推翻夫妻共识是大忌！千万不要觉得只是小事就马马虎虎，这涉及威胁最小核心单位，再小的事也可能成为导火索。商量好的事万一有变化，一定要回到夫妻关系中商量，务必不可自行变更决议。

第二，绝对不能认为都是一家人，夫妻吵架也不特别避讳。

媳妇再怎么亲，仍然是嫁进来的新成员，家庭关系是建立在儿子娶了她的婚姻关系上。媳妇不是从小看到大的血亲，总会有看不习惯的地方或产生误会的时候，况且老妈听到儿子被骂，心中总会不平。所以老婆的面子，老公有义务要顾及。若这层美化的薄纱被打破了，日后将更难请老婆配合，在家人面前形成的负面印象也很难再扭转。

第三，明明要询问老婆的意见，却在母亲听得见的地方商量，让老婆不方便充分表达自己意见是大忌。

举例来说，婆婆说懒得动，请他们夫妻外出吃饭，饭后带些食物给她就行了。老公在婆婆面前问老婆想吃什么？老婆回答说肉圆，老公说肉圆妈吃了不好消化；老婆又提议拉面，老公则说拉面不方便外带。你想，老婆还会固执地坚持要吃拉面或肉圆吗？这一切都以婆婆听得到为前提喔！正确做法是，老公私下和老婆商量吃什么，而婆婆要吃的东西，他们可以换一家买回来嘛！不能因为婆婆的喜好而否决老婆的所有选择，更何况是在半公开场合，让老婆左右为难。

爱是适时**展现脆弱**

你知道吗？童话中的王子形象把很多男性害惨了。在现实生活的长途跋涉中，男性有时也会脆弱，也常自卑，更有体力不济、腰酸背痛的时候。但男性的设定却让他们撑在马上，即使歪歪斜斜、摇摇欲坠，也要跟老婆说："我可以的，你不要怀疑我！"万一老婆流露出担心的表情或怀疑的眼神，老公往往会恼羞成怒。为了挽救摇摇欲坠的自尊，他甚至不惜将最后一丝体力用在与老婆争辩上。

自卑的人，最常用的两招就是"粉饰太平"和"怪罪他人"。第一招是试图说服对方跟自己一起假装没事；第二招是借力使

力，转移焦点。不管什么招，全都是为了让自己不必面对真实脆弱的手段。但这样的方式用在亲密关系中，往往会让自己疲惫不堪，而对方抱怨连连。既未达到目的，还会引发更多争端。老公因为自己已经这么努力撑着坚强的形象，对方还不满意，当然会抗议。

根据布芮尼·布朗博士的自卑研究显示，女性的自卑通常来自于对于外形及社会对于角色期待的压力；而男性的自卑往往出现在每一个会令他感到恐惧、害怕、失败和脆弱的情境。凡是遇到上述任何一个情境，男性的自卑警报器便会启动，接着为了救火，情急之下会不择手段，以便脱离自卑的感受。

在夫妻生活中常见的例子有很多。例如，老公工作上有危机不想跟老婆说，宁愿自己烦闷地承担着。可能一个不小心，就会在老婆抢购周年庆化妆品时触发财务焦虑，接着大吵一番，又无法坦承其实是担心生计。而老婆感受到的则是老公小气、赌气、爱生气，为了一点小事就发飙，是不爱我、不在乎我的表现。因为从头到尾，老公都没让她知道有工作危机！

又如，老公非常害怕处理婆媳关系，也怕说真话会惹老婆不高兴。当老妈（婆婆）祭祖的日子遇上老婆生日，只能二选一时（还记得上文中提到害怕情境会触动警报器，导致不择手段吗），可能的剧情发展是老公跟老婆说："抱歉，我忘记了你的生日，所以答应老妈了。"或"你怎么这么不能变通，我们提前一天庆祝生日就可以了嘛！"

瞧！无论粉饰太平，还是怪罪他人，这两种方式都免不了会惹老婆又生气又伤心吧！逼得老婆更坚决地要老公二选一，于是到最后老公两面不是人。这种惨痛的经验还会强化他下一次面对类似情境的害怕，继续采取愚笨的手段。

其实，老公最讨厌老婆像妈妈一样责骂自己，却忘了老婆也会像妈妈一样包容你的脆弱。只需坦诚相告，或许换来的是暂时的不悦，老婆叨叨念念之后，还是会帮你、接纳你、爱你。这样总比粉饰太平或怪罪对方，让老婆气得内伤，又觉得和你有距离感要好得多。

爱的真实意义，应该是让你们彼此都能战胜脆弱。

感　谢

我之所以会投身婚姻咨询领域，人生倒带回看，应有两个伏笔。

第一个是 2007 年，在前途茫然之际，我曾在张德芬北京的家中小住过。当时的我正值工作与感情的空窗期，只觉得德芬既温暖又犀利（她还说要帮我介绍对象）。这趟旅行让我对心灵导师类的相关行业起了心、动了念。

第二个是 2012 年，我和老公准备结婚，两人的背景虽然都与心理咨询相关，但我们仍慎重地请信友堂的谢牧师为我们进行了一系列的婚前辅导。这又哭又笑又气的辅导过程，让我们不得不承认当局者迷。即便是身为咨询师的我们，往往也要借助第三人的专业协助，才能发现关系问题中存在的盲点。

当然，自己的感情之路也并非一路顺遂，能撑过来，并且成为助人者，要谢谢父母家人的包容、慈慧督导近 10 年的支持与教导、某位义务张老师为我提供的系列面谈辅导、多年来被我任性要求免费感情咨询的老哥、常常为我代祷的姊妹和多年好友始终如一的陪伴。

在夫妻咨询专业领域，刘婷老师绝对是我的贵人。第一次看到老师做现场咨询时，完全被震撼，让我决心要在 EFT（情绪取向婚姻咨询）领域努力。

我在督导们的帮助和同侪的加油下日渐成熟。刘婷老师的谆谆教诲、爱护和陪我寻找解决瓶颈问题的用心；明慧一直没放弃我，不厌其烦地跟我讨论认证不顺的症结；君枫在高雄初阶任助教时，言辞精辟、明快，带给我很大的震撼；元瑾在我第一次当进阶助教不知所措时，既信任又适时地支持、引导我；诗婷在技巧班助教合作时，对紧张的我多多包容、耐心引导；还有可欣在高铁上为我量身定制的 16 字箴言，以弥补我记忆力不佳及很难打断的限制；明芳和淑敬对我加油打气，并传授秘诀，更让我感动不已。

这本书的出版，除了希望对受痛苦困扰的夫妻有所帮助之外，也激励自己要再接再厉，伴侣咨询的学习之路还很长呢！加油，一定要做得更好，毕竟是担任别人婚姻触礁时的摆渡人的角色啊！

最后我要谢谢每一对曾经信任我、找我咨询的伴侣。若非你们愿意将自己婚姻中最隐私、最痛苦的一面摊开来寻求解决，我也不会有机会参与其中，一起经历、探索且整理出这些文字。

谢谢粉丝页小编、美编及出版社编辑雅筑的鼓励、包容与协助，才能整理成书。

也要谢谢我的灵感男神——老公，正是他的贡献，才让我在每次吵架之后，都能诞生一篇有趣的文章。